职业教育"十三五"改革创新规划教材

电气识图

于 瑾 张宁宁 主 编
徐欣然 副主编

清华大学出版社
北 京

内 容 简 介

本书是中等职业教育"十三五"改革创新规划教材,依据教育部 2014 年颁布的《中等职业学校电气技术应用专业教学标准》中"电气识图"课程的"主要教学内容和要求",并参照相关的国家职业技能标准编写而成。

本书主要内容包括电气制图和电气符号、电气图基本表示方法、电气图类型和电气图识读分析。本书配套有电子教案、多媒体课件等丰富的网上教学资源,可免费获取。

本书可作为中等职业学校电气技术应用专业及相关专业学生的教材,也可作为岗位培训用书。

本书封面贴有清华大学出版社防伪标签,无标签者不得销售。

版权所有,侵权必究。举报:010-62782989,beiqinquan@tup.tsinghua.edu.cn。

图书在版编目(CIP)数据

电气识图/于瑾,张宁宁主编.--北京:清华大学出版社,2017(2024.9重印)
职业教育"十三五"改革创新规划教材
ISBN 978-7-302-43744-4

Ⅰ.①电… Ⅱ.①于…②张… Ⅲ.①电路图-识别-高等职业教育-教材 Ⅳ.①TM13

中国版本图书馆 CIP 数据核字(2016)第 092649 号

责任编辑:刘翰鹏
封面设计:张京京
责任校对:李 梅
责任印制:丛怀宇

出版发行:清华大学出版社
    网 址:https://www.tup.com.cn,https://www.wqxuetang.com
    地 址:北京清华大学学研大厦 A 座   邮 编:100084
    社 总 机:010-83470000   邮 购:010-62786544
    投稿与读者服务:010-62776969,c-service@tup.tsinghua.edu.cn
    质量反馈:010-62772015,zhiliang@tup.tsinghua.edu.cn
    课件下载:https://www.tup.com.cn,010-83470410
印 装 者:三河市人民印务有限公司
经 销:全国新华书店
开 本:185mm×260mm 印 张:12.5   字 数:283 千字
版 次:2017 年 1 月第 1 版   印 次:2024 年 9 月第 10 次印刷
定 价:39.00 元

产品编号:068761-02

本书是中等职业教育"十三五"改革创新规划教材,贯彻党的二十大报告指出的"必须坚持科技是第一生产力、人才是第一资源、创新是第一动力"的科技创新理念,依据教育部 2014 年颁布的《中等职业学校电气技术应用专业教学标准》中"电气识图"课程的"主要教学内容和要求",并参照相关的国家职业技能标准编写而成。通过本书的学习,可以帮助学生掌握必备的电气制图的基本知识及不同类型电气图的表示方法、识别并绘制常用电气设备或元器件,具备识读分析电气图的能力,提升安全用电意识。本书在编写过程中吸收企业技术人员参与教材编写,紧密结合工作岗位,与职业岗位对接;选取的案例体现绿色发展理念,贴近生活、贴近生产实际;内容选取、教材体例等方面积极体现科教兴国、人才强国和创新驱动发展战略。

本书在编写时努力贯彻教学改革的有关精神,严格依据新教学标准的要求,努力体现以下特色。

1. 学生为本,强化能力培养

从学生认知的角度出发,本着由浅入深、遵循教学规律的原则,合理安排教学内容。教材采用大量的图片和实例,增强了教学的直观性,突出电气识图课程的核心,使读者一目了然,在轻松愉悦地学习知识的同时,提升学生运用知识解决问题的能力和创新能力,激发学生的学习兴趣。

职业技术教育是现代教育的重要组成部分。社会不仅需要学术型与工程型人才,更需要大批在生产、管理、服务第一线的应用型人才。课后的能力夯实模块,引导学生以探究的方式理解所学基础知识,培养学生独立思考和自主学习的能力,奠定专业基础,进而有效地提升学生的专业能力。

2. 贴近岗位,体现教学实用性

本书本着绿色用电的宗旨,以电气技术国家标准为依据,以行业部门与劳动部门颁布的工人技术等级标准和考核大纲为指南,坚持以就业为导向,以职业岗位需求设定教材内容,结合生产实际,培养学生识读分析机床控制电路图、电子线路图、供配电系统电气主接线图、PLC控制系统电路图、建筑电气平面图和电梯控制电路图的能力,突出教学的实用性。

3. 学评结合,突出教学延续性

学习与考核评价同时进行,课后的知识回顾模块,涵盖了教学的知识要点,并以问题的形式呈现给学生,让学生在学习过程中有标准可循。与教材配套的电子教案、多媒体课件等网上教学资源,突出教学的延续性,打破学习与考核分开的传统考核模式,以形成性评价代替结果性评价。

本书建议学时为64学时,具体学时分配见下表。

单元	建议学时	单元	建议学时
单元1	12	单元3	15
单元2	13	单元4	24
总　计		64	

本书单元1和单元2由于瑾编写,单元3由徐欣然编写,单元4由张宁宁编写,附录由于瑾、张宁宁和徐欣然编写,李承谦完成了本书部分插图的绘制,全书由于瑾统稿。

本书在编写过程中参考了相关的文献资料,在此向文献资料的作者致以诚挚的谢意。由于编者水平有限,书中难免有错误和不妥之处,恳请广大读者批评指正。

编　者

2023年6月

CONTENTS

目　录

单元 1

电气制图和电气符号

单元概述

　　电气图是用来阐述电气设备的组成结构和功能、描述电气装置及元器件的工作原理并提供安装和使用信息的工程语言，由电气图表、技术说明、电气设备（或元器件）、明细表和标题栏组成。电气制图规范化的目的是用统一的工程语言来描述电气系统中各电气设备、装置及元器件之间的相互关系或连接关系。电气图上的电气符号包括文字符号、图形符号、项目代号和回路标号等，它们以图形或文字的形式为电气图提供了各种信息。

能力目标

　　(1) 能够根据制图规范绘制简单的电气图；
　　(2) 能够识读电气图中箭头和指引线的含义；
　　(3) 能够识别电气图中常用的文字符号和图形符号；
　　(4) 能够正确识别、标注电气图上的项目代号；
　　(5) 能够正确标注机床电气控制电路中主回路和控制回路的线号。

知识目标

　　(1) 了解电气制图规范；
　　(2) 了解特定导线和端子的规定标记符号；
　　(3) 理解文字符号和图形符号的概念、组成和使用方法；
　　(4) 理解项目代号的概念和组成；
　　(5) 理解回路标号的概念和一般规则；
　　(6) 掌握常用图形符号的构成方式；

（7）掌握项目代号的标注和使用方法；

（8）掌握电气控制电路图各回路的标号方法。

1.1　电气制图规范

了解电气图面的构成，图纸幅面的代号及尺寸；了解标题栏、技术说明和图样编号的内容及在图中的位置；了解字体的高度、图框的画法及比例；理解各种图线的名称、形式、宽度及应用范围；掌握电气图中箭头和指引线的标注方法；能独立绘制简单的电气图。

完整的电气图面由边框线、图框线、标题栏和会签栏组成，如图 1-1 所示。其中，边框线围成图纸的幅面；标题栏用来确定图纸的名称、图号、张次、更改和有关人员签署等内

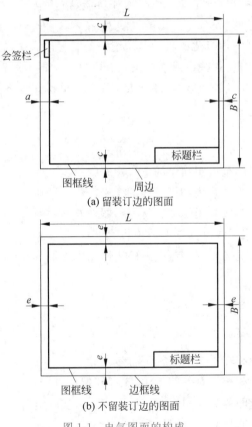

(a) 留装订边的图面

(b) 不留装订边的图面

图 1-1　电气图面的构成

容；图框线由图纸是否需要装订以及图纸幅面的大小决定；会签栏留给相关的水暖、建筑、工艺等专业设计人员会审图纸时使用。电气制图的国家标准 GB/T 6988 也称"电气技术文件编制"，它与电气简图用图形符号的国家标准 GB/T 4728 共同构成绘制电气图的基本依据。本节主要介绍国家标准中关于电气图面构成的相关知识。

一、图纸幅面

图纸幅面是由电气图的边框线围成的图面，简称图幅。电气图的基本幅面分为五种，幅面代号为 A0～A4，对应尺寸见表 1-1。其中，A0～A2 号图纸一般不得加长，A3、A4 号图纸可根据图的复杂度及图线的密集度沿短边加长，加长图幅尺寸见表 1-2。

表 1-1 图纸幅面代号及尺寸　　　　　　　　　　单位：mm

幅 面 代 号	A0	A1	A2	A3	A4
宽×长($B×L$)	841×1189	594×841	420×594	297×420	210×297
留装订边的边宽(c)	10			5	
不留装订边的边宽(e)	20		10		
装订侧边宽(a)	25				

表 1-2 加长图幅尺寸　　　　　　　　　　单位：mm

代号	尺寸	代号	尺寸
A3×3	420×891	A4×4	297×841
A3×4	420×1189	A4×5	420×1051
A4×3	297×630		

图纸幅面尺寸选择的基本前提是保证幅面布局紧凑、清晰和使用方便，通常要考虑以下几个因素：①所设计对象的规模和复杂程度；②由简图种类所确定的资料的详细程度；③尽量选用较小幅面；④便于图纸的装订和管理；⑤复印和缩微的要求；⑥计算机辅助设计的要求。

二、标题栏、技术说明和图样编号

1. 标题栏（简称 **TB**）

标题栏（见表 1-3）是电气图重要的组成部分，包括设计单位、工程图样名称、项目名称、图名、图号、设计人、制图人和日期等栏目，相当于图样的"铭牌"。标题栏的位置一般在图纸的右下方或下方，不同图幅尺寸和方向的电气图标题栏位置如图 1-2 所示。电气图中的说明、符号均应以标题栏的文字方向为准。

2. 技术说明

技术说明是电气图中文字说明和元件明细表的总称。其中，文字说明在电气图的右上方，用来说明电路的要点及安装要求等，若文字过多，可利用附页进行说明；元件明细表在标题栏的上方，以表格的形式呈现，表中可列电路中元器件的名称、符号、规格、单位和数量等信息，表中序号自下而上排列，见表 1-4。

表 1-3 标题栏格式

设计单位名称			工程名称	设计号	
				图号	
总工程师		主要设计人		项目名称	
设计总工程师		校核			
专业工程师		制图			
组长		描图		图名	
日期		比例			

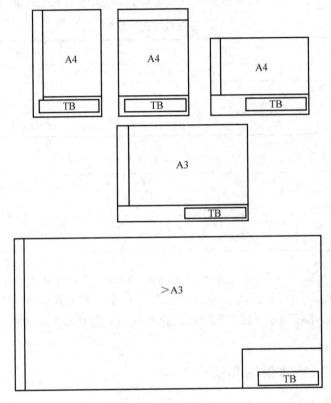

图 1-2 标题栏的位置

表 1-4 元件明细表格式

6	单联开关	86 型 220V	只	15	
5	电线管	DG20	m	5	
4	瓷瓶	G-20	只	80	
3	导线	BVR 2×2.5	m	200	
2	白炽灯具	86 型 220V	套	14	
1	配电箱	XM-7-6/OA	只	1	
序号	名称	规格	单位	数量	备注

3. 图样编号

图样编号由图号和检索号两部分组成,如图 1-3 所示。

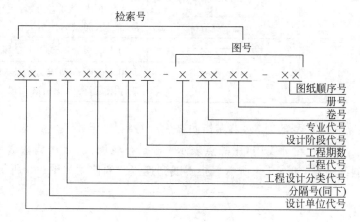

图 1-3 图样编号

三、图线、字体及其他

1. 图线

电气图图线包含一定的信息,在使用时必须符合规范。图线宽度以 mm 为单位,应按图样的类型和尺寸大小在 0.13、0.18、0.25、0.35、0.5、0.7、1.0、1.4 和 2.0 系列中选取。同一张图纸最好只选用两种宽度的图线,并保证粗线宽度为细线宽度的 2 倍;当需要两种以上宽度的图线时,线宽要以 2 的倍数递增。为保证工程图样缩微的清晰度,平行图线的间距不小于图中粗线宽度的 2 倍,且不小于 0.7mm。

(1)图线的名称、形式及应用范围

国家标准规定的基本图线为粗实线、细实线、波浪线、双折线、虚线、细点画线、粗点画线、双点画线共八种,分别用代号 A、B、C、D、F、G、J、K 表示。其中,实线、虚线、点画线、双点画线的图线形式及应用范围见表 1-5。

表 1-5 图线名称、形式和应用范围

图线名称	图线形式	应用范围	图线宽度/mm
实线	———————	基本线、简图主要内容用线、可见轮廓线、可见导线	0.13、0.18、0.25、0.35、0.5、0.7、1.0、1.4、2.0
虚线	- - - - - - -	辅助线、屏蔽线、机械连线、不可见轮廓线、不可见导线、计划扩展内容用线	
点画线	—·—·—	分界线、结构围框线、功能围框线、分组围框线	
双点画线	—··—··	辅助围框线	

(2)箭头和指引线

电气图中箭头主要用来表示信号传输或非电过程介质流向,其形式及意义见表 1-6。

表 1-6　箭头形式及意义

箭头名称	箭头形式	意　　义
空心箭头	———▷	用于信号线、信息线、连接线,表示信号、信息、能量的传输方向
实心箭头	———▶	用于说明非电过程中材料或介质的流向
普通箭头	———→	用于说明运动或力的方向,也可用作可变性限定符号、指引线和尺寸线的末端

指引线用来指示注释的对象,末端指向被注释对象处,常用细实线画出。指引线的末端有三种形式:若指在轮廓线内,用黑点表示;若指在轮廓线上,用箭头表示;若指在电气线上,用短斜线表示,如图 1-4 所示。指引线到连接线的使用如图 1-5 所示。

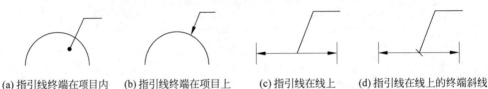

(a)指引线终端在项目内　(b)指引线终端在项目上　(c)指引线在线上　(d)指引线在线上的终端斜线

图 1-4　指引线

2. 字体

电气图中,GB 14691—1993《技术制图　字体》规定,汉字采用长仿宋体,字母、数字可用直体、斜体;字体号数(即字体高度,单位 mm)分为 20、14、10、7、5、3.5、2.5 七种。字体宽度约等于字体高度的 2/3,数字和字母的笔画宽度约为字体高度的 1/10。

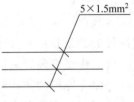

$5\times1.5mm^2$

图 1-5　指引线到连接线

为确保缩微复印的清晰度,各种基本幅面电气图中的字体最小高度不同,见表 1-7。

表 1-7　电气图中字体最小高度　　　　　单位:mm

图纸幅面代号	A0	A1	A2	A3	A4
字体最小高度	5	3.5	2.5	2.5	2.5

3. 其他

(1)图框

电气图中的图框用来表示功能单元、结构单元或项目组,常用点画线框表示。图框的形状可以是任意的,但要确保不能与元件符号相交。

(2)比例

在绘制电气图过程中,图上所画图形符号与物体实际尺寸的比值称为比例。电气线路图不按比例绘制,但位置平面图等一定要按照比例或部分按照比例绘制。常用的电气图比例有 1:10、1:20、1:50、1:100、1:200 和 1:500 等。

（3）尺寸标注

电气图上的尺寸标注由尺寸线、尺寸界线、尺寸起点（实心箭头和 45°斜短线）、尺寸数字四部分组成，它是电气工程施工和构件加工的重要依据。除特殊情况外，图纸上的尺寸单位都是 mm。

（4）注释和详图

注释用于电气图上图形符号表达不清楚的地方或不便于表达的地方，有直接放在所要说明的对象附近和通过加标记将注释放在另外的位置或另一页两种形式。为了准确地表达被注释对象，注释方法可采用文字、图形和表格等形式。

详图是用图形将电气装置中某些零件、连接点等结构和安装工艺等放大并详细表达出来。它可以放在要详细表示的对象的图上，也可以通过标志放在另一张图上。

 知识回顾

（1）一张完整的电气图由哪几部分构成？基本图幅有哪几种？

（2）电气图的标题栏包括哪些基本内容？在图中什么位置？

（3）电气图的技术说明分哪几部分？各自在图中什么位置？

（4）电气图中的基本图线有哪几种？分别用什么符号表示？

（5）电气图中的箭头有哪几种？各自的意义有什么不同？

 能力夯实

（1）如图 1-6 所示，说明各指引线的含义。

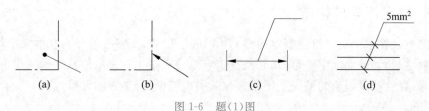

(a)　　　(b)　　　(c)　　　(d)

图 1-6　题（1）图

（2）将如图 1-7 所示电路图画在图幅为 A4 的图纸上，学生作业用标题栏格式见表 1-8。

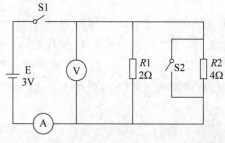

图 1-7　题（2）图

表1-8　学生作业用标题栏

学校　　系部　　班级			比例		材料	
制图	(姓名)	(学号)	工程图样名称		质量	
设计					作业编号	
描图						
审核						

1.2　文字符号

学习要点

理解文字符号的概念、组成和使用方法；掌握常用基本文字符号和辅助文字符号的含义；了解数字代码在文字符号中的使用情况；能够识别常用的文字符号。

知识链接

文字符号是用来标明电气设备、装置和元器件的名称及电路的功能、状态和特征的字符代码，适用于电气技术领域中技术文件的编制。本节主要介绍文字符号的构成及使用方法。

一、文字符号的构成

根据电气技术中文字符号制定通则 GB 7159—1987，文字符号分为基本文字符号（单字母或双字母）和辅助文字符号，均采用拉丁字母大写正体字表示。数字代码也可以作为文字符号，在有技术说明的情况下用来表示某类电气设备、装置和元器件。

1. 基本文字符号

基本文字符号是用来表示电气设备、装置和元器件种类名称的字符代码，分为单字母符号和双字母符号两种。

（1）单字母符号

国家标准规定，将各种电气设备、装置和元器件划分为 23 大类，每大类用一个专用单字母符号表示，I、J、O 不被使用。如 R 表示的电阻器类元件，包括电阻器、变阻器、电位器、测量分路表、热敏电阻和压敏电阻；L 表示电感器类元件，包括感应线圈、电抗器等。单字母符号简洁、清晰，在表示电气设备时被优先采用。

（2）双字母符号

在电气图上，单字母符号表示的某大类电气设备、装置和元器件需要进行更详细和具体的划分为某个类别时，就要采用双字母符号。双字母符号由一个表示种类名称的单字母符号和另一个字母组成,组合形式为单字母符号在前、另一个字母在后的次序。其中,另一个字母由以下两方面因素确定。

① 所选电气设备、装置和元器件英文名称的首位字母。如 G 表示电源类,如果要表示蓄电池,就要把蓄电池的英文名称(Battery)的首字母 B 作为双字母符号的另一个字母,则蓄电池的文字符号为 GB。

② 由辅助文字符号的第一个字母作为双字母符号的另一个字母。如 K 表示接触器类,如果要表示时间继电器,把表示时间的辅助文字符号 T 作为双字母符号的另一个字母,则时间继电器的文字符号为 KT。

电气设备常用基本文字符号见表1-9。

表 1-9　电气设备常用基本文字符号

电气设备、装置和元器件种类	名　称	基本文字符号	
		单字母符号	双字母符号
组件部件	分离元器件放大器	A	
	激光器		
	调节器		
	本表其他地方未提到的组件、部件		
	电桥		AB
	晶体管放大器		AD
	集成电路放大器		AJ
	磁放大器		AM
	电子管放大器		AV
	印制电路板		AP
	抽屉柜		AT
	支架盘		AR
非电量到电量变换器或电量到非电量变换器	热电传感器	B	
	热电池		
	光电池		
	测功计		
	晶体换能器		
	送话器		
	拾音器		
	扬声器		
	耳机		
	自整角机		
	旋转变压器		
	模拟和多级数字变换器或传感器(用作指示和测量)		
	压力变换器		BP
	位置变换器		BQ
	旋转变换器(测速发电机)		BR
	温度变换器		BT
	速度变换器		BV
电容器	电容器	C	

续表

电气设备、装置和元器件种类	名　　称	基本文字符号	
		单字母符号	双字母符号
二进制元器件 延迟器件 存储器件	数字集成电路和器件 延迟线 双稳态元器件 单稳态元器件 磁心存储器 寄存器 磁带记录机 盘式记录机	D	
其他元器件	本表其他地方未规定的器件	E	
	发热器件		EH
	照明灯		EL
	空调调节器		EV
保护器件	过电压放电器件 避雷器	F	
	具有瞬时动作的限流保护器件		FA
	具有延时动作的限流保护器件		FR
	具有延时和瞬时动作的限流保护器件		FS
	熔断器		FU
	限压保护器件		FV
发生器 发电机 电源	旋转发电机 振荡器	G	
	发生器		
	同步发电机		GS
	异步发电机		GA
	蓄电池		GB
	旋转式或固定式变频机		GF
信号器件	声响指示器	H	
	光指示器		HL
	指示灯		HL
继电器 接触器	瞬时接触继电器	K	KA
	瞬时有或无继电器		KA
	交流继电器		KA
	闭锁接触继电器(机械闭锁或永磁铁式有或无继电器)		KL
	双稳态继电器		KL
	接触器		KM
	极化继电器		KP
	簧片继电器		KR
	延时有或无继电器		KT
	逆流继电器		KR
电感器 电抗器	感应线圈 线路陷波器 电抗器 (并联和串联)	L	

续表

电气设备、装置和元器件种类	名　　称	基本文字符号	
		单字母符号	双字母符号
电动机	电动机	M	
	同步电动机		MS
	可作发电机或电动机用的电机		MG
	力矩电动机		MT
模拟元件	运算放大器	N	
	混合模拟/数字器件		
测量设备试验设备	指示器件 记录器件 积算测量器件 信号发生器	P	
	电流计		PA
	(脉冲)计数器		PC
	电度表		PJ
	记录仪器		PS
	时钟、操作时间表		PT
	电压表		PV
电力电路的开关器件	断路器	Q	QF
	电动机保护开关		QM
	隔离开关		QS
电阻器	电阻器	R	
	变阻器		
	电位器		RP
	测量分路表		RS
	热敏电阻器		RT
	压敏电阻器		RV
控制、记忆、信号电路的开关器件选择器	拨号接触器 连接级	S	
	控制开关		SA
	选择开关		SA
	按钮开关		SB
	机电式有或无传感器(单级数字传感器)		
	液体标高传感器		SL
	压力传感器		SP
	位置传感器(包括接近传感器)		SQ
	转数传感器		SR
	温度传感器		ST
变压器	电流互感器	T	TA
	控制电路电源用变压器		TC
	电力变压器		TM
	磁稳压器		TS
	电感互感器		TV

续表

电气设备、装置和元器件种类	名　称	基本文字符号	
		单字母符号	双字母符号
调制器 变换器	鉴频器 解调器 变频器 编码器 变流器 逆变器 整流器 电报译码器	U	
电子管 晶体管	气体放电管 二极管 晶体管 晶闸管	V	
	电子管		VE
	控制电路用电源的整流器		VC
传输通道 波导 天线	导线 电缆 母线 波导 波导定向耦合器 偶极天线 抛物天线	W	
端子 插头 插座	连接插头和插座 接线柱 电缆封端和接头 焊接端子板	X	
	连接片		XB
	测试插孔		XJ
	插头		XP
	插座		XS
	端子板		XT
电气操作的机械器件	气阀	Y	
	电磁铁		YA
	电磁制动器		YB
	电磁离合器		YC
	电磁吸盘		YH
	电动阀		YM
	电磁阀		YV
终端设备 混合变压器 滤波器 均衡器 限幅器	电缆平衡网络 压缩扩展器 晶体滤波器 网络	Z	

2. 辅助文字符号

辅助文字符号是用来表示电气设备、装置和元器件以及线路的功能、状态和特征的字符代码,如 SYN 表示同步、RD 表示红色等。辅助文字符号可由表示功能、状态和特征的英文单词的前一、二位字母构成;也可由三位字母以下的英文缩略语或约定俗成的习惯用法构成。如"启动"用 START 的前两位字母 ST 表示;"停止"则用 STOP 的三位字母 STP 表示。

在辅助文字符号与单字母符号构成的双字母符号中,辅助文字符号通常采用表示功能、状态和特征的英文单词的第一个字母,如电压表 PV,P 表示测量设备类元器件,V 为电压英文名称(Voltage)的第一个字母。

电气设备常用辅助文字符号见表 1-10。

表 1-10 电气设备常用辅助文字符号

名 称	辅助文字符号	名 称	辅助文字符号
电流	A	绿	GN
模拟	A	高	H
交流	AC	输入	IN
自动	A AUT	增	INC
		感应	IND
加速	ACC	左	L
附加	ADD	限制	L
可调	ADJ	低	L
辅助	AUX	闭锁	LA
异步	ASY	主	M
制动	B BRK	中	M
		中间线	M
黑	BK	手动	M MAN
蓝	BL		
向后	BW	中性线	N
控制	C	断开	OFF
顺时针	CW	闭合	ON
逆时针	CCW	输出	OUT
延时(延迟)	D	压力	P
差动	D	保护	P
数字	D	保护接地	PE
降	D	保护接地与中性线共用	PEN
直流	DC	不接地保护	PU
减	DEC	记录	R
接地	E	右	R
紧急	EM	反	R
快速	F	红	RD
反馈	FB	复位	R RST
正、向前	FW		

续表

名　称	辅助文字符号	名　称	辅助文字符号
备用	RES	同步	SYN
运转	RUN	温度	T
信号	S	时间	T
启动	ST	无噪声(防干扰)接地	TE
置位、定位	S	真空	V
	SET	速度	V
饱和	SAT	电压	V
步进	STE	白	WH
停止	STP	黄	YE

3. 数字代码

文字符号中出现的数字代码,使用方法如下。

(1) 数字代码单独使用

电气图的各种电气设备、装置和元器件需要按种类或功能分类时,可以采用数字代码,但要在技术说明中对数字代码的含义进行说明。如电气图中有电阻器、电感器、继电器等设备,就可用数字代码来表示各器件的种类,1 表示电阻器、2 表示电感器、3 表示继电器。

(2) 数字代码和字母符号联合使用

电气图中的同一类电气设备、装置和元器件可以使用数字代码进行区分。如三个不同阻值的电阻器,可以表示为 R1、R2 和 R3。

二、文字符号的使用方法

通常情况下,文字符号标注在具体指示的电气设备、装置和元器件上或其附近,使用方法如下。

(1) 电气图和电气技术文件中的文字符号,优选顺序为：单字母符号、双字母符号、辅助文字符号以及它们的组合。其中,辅助文字符号可以单独使用。

(2) 当基本文字符号和辅助文字符号不能满足要求时,应按有关电气名词术语国家标准或专业标准中规定的英文术语缩写对文字符号进行补充。

(3) 拉丁字母 I 和 O 易同阿拉伯数字 1 和 0 混淆,因此不能用作基本文字符号。

(4) 文字符号的字母采用拉丁字母大写正体字,基本文字符号不得超过两个字母,辅助文字符号一般不能超过三个字母。

(5) 文字符号可以与图形符号组合使用。

(6) 电气技术文件中的文字符号不能用于电气产品的型号编制。

知识回顾

（1）什么是文字符号？文字符号是如何分类的？

（2）什么是基本文字符号？它是如何构成的？

（3）什么是辅助文字符号？它是如何构成的？在使用时有什么要求？

（4）简述电气图和电气技术文件中文字符号选用的优先顺序。

（5）如何使用数字代码？

（6）简述文字符号的使用方法。

能力夯实

识别下列文字符号，说明它们的含义。

FR　FU　GS　AD　GA　KM　KT　MS　PA　PV　QS　SA

SB　TA　XP　XS　XT　VT　VD　SM　PE　CW　IN　SET

1.3　图形符号

学习要点

理解图形符号、符号要素、限定符号、一般符号和方框符号的概念；了解图形符号的使用规则；掌握常用图形符号的构成方式；识别常用的图形符号及易混淆的图形符号。

知识链接

图形符号是指用于图样或其他文件以表示一个设备或概念的图形、标记或字符，是电气图的一个重要组成部分，它所表达的是电气设备的"实物信息"。本节主要介绍图形符号的构成及使用规则。

一、图形符号的构成方式

1. 组成

根据电气图用图形符号国家标准 GB/T 4728.2，图形符号由符号要素、一般符号和限定符号组成。从组成功能上讲，图形符号包括符号要素、一般符号、限定符号和方框符号。

（1）符号要素

符号要素是一种具有确定意义的简单图形，用来表示元器件的轮廓或外壳，见表 1-11。符号要素必须同其他图形、字符或标记组合，构成一个设备或概念的完整符号。

表 1-11   符号要素

图 形 符 号	说 明
□	设备、元件、器件、功能单元、功能 说明：符号轮廓内填入或加上适当的符号或代号，可用来表示类别
▭	
○	外壳(球或箱)、管壳 说明：(1) 可采用其他开关的轮廓； (2) 具有特殊的防护功能的外壳，可加注以引起注意； (3) 若不致引起混乱，外壳可省略，如果外壳与其他物件有连接，必须标示出外壳符号； (4) 必要时，外壳可断开画出
○	
▭	
—·—·—	边界线 说明：此符号表示物理上、机械上或功能上相互关联的对象组的边界
⌐⌐	屏蔽、护罩 说明：此符号可以画成任何的形状
[★]	防止无意识直接接触、通用符号 说明：在使用时，此符号内星号应由具备无意识直接接触防护的设备或器件的符号代替

（2）一般符号

一般符号是用来表示一类产品和此类产品特征的一种简单的符号，常用元器件的一般符号如图 1-8 所示。一般符号可以单独使用，也可以与符号要素或限定符号配合使用。

（3）限定符号

限定符号是用来提供附加信息的一种加在其他符号上的符号，常用的限定符号见本书附录中附表 1。限定符号通常不能单独使用，一般符号和文字符号有时也可用作限定符号，以派生出新的图形符号。

（4）方框符号

方框符号是用来表示设备、元件的组合及其功能的一种简单的图形符号，适用于电气系统图和框图。方框符号既不反映设备或元件的细节，也不反映它们之间的任何连接关

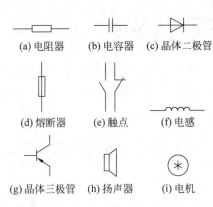

(a) 电阻器   (b) 电容器   (c) 晶体二极管

(d) 熔断器   (e) 触点   (f) 电感

(g) 晶体三极管   (h) 扬声器   (i) 电机

图 1-8   常用元器件的一般符号

系,常用方框符号如图 1-9 所示。

(a) 电动机   (b) 整流器   (c) 变压器   (d) 放大器

图 1-9　方框符号

2. 构成方式

电气图中用到的图形符号通常由符号要素、一般符号和限定符号按一定的组合方式构成。

（1）一般符号＋限定符号

如图 1-10 所示,表示动合(常开)触点的一般符号(图 1-10(a)),与表示延时动作的限定符号(图 1-10(b)),组合成延时闭合触点的图形符号(图 1-10(c))。其中,图 1-10(b)的两个延时符号的形式虽然不同,但都表示从圆弧向圆心方向移动的延时动作。

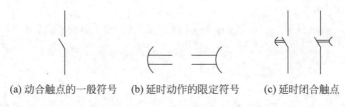

(a) 动合触点的一般符号　　(b) 延时动作的限定符号　　(c) 延时闭合触点

图 1-10　一般符号与限定符号的组合

（2）符号要素＋一般符号

如图 1-11 所示,集电极接管壳的半导体管的图形符号(图 1-11(a)),由表示管壳的符号要素(图 1-11(b))和半导体管的一般符号(图 1-11(c))组合而成。

(a) 集电极接管壳的半导体管　　(b) 管壳的符号要素　　(c) 半导体管的一般符号

图 1-11　符号要素与一般符号的组合

（3）符号要素＋一般符号＋限定符号

如图 1-12 所示,自动增益控制放大器的图形符号(图 1-12(a)),由表示功能单元的符号要素(图 1-12(b))、放大器的一般符号(图 1-12(c))、自动控制的限定符号(图 1-12(d))以及作为限定符号的文字符号 dB 组合而成。

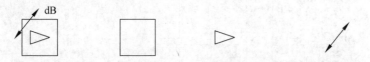

(a) 自动增益控制放大器　　(b) 符号要素　　(c) 放大器的一般符号　　(d) 自动控制的限定符号

图 1-12　符号要素、一般符号和限定符号的组合

二、图形符号的使用规则

1. 图形符号表达的含义

在电气图中,图形符号存在图形相似、一图多义和一义多图的现象,识读时应根据不同的场合注意区分和使用。如"×"既表示磁场效应,也表示消抹、擦除,还表示断路器功能;"·"在不同场合的含义,如图 1-13 所示。

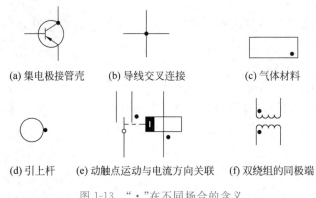

(a) 集电极接管壳　　(b) 导线交叉连接　　(c) 气体材料

(d) 引上杆　　(e) 动触点运动与电流方向关联　　(f) 双绕组的同极端

图 1-13　"·"在不同场合的含义

2. 图形符号表示的状态

所有图形符号均表示电气设备或元器件在无电压、无外力作用下所处的状态,即"常态",也称为"复位状态"。在常态下,电气图中的继电器和接触器的动合触点处于断开状态,动断触点处于接合状态;断路器和隔离开关处于断开状态;带零位的手动开关处于零位状态,不带零位的手动开关处于图中规定的状态。

事故、备用、报警等开关处于设备正常使用时的位置;处于特定位置时,在电气图上应有相应的说明。

机械操作开关或触点的工作状态与工作条件或工作位置有关,为方便识读并了解电路的原理和功能,其对应关系应在图形符号附近加以说明。开关或触点类型不同,采用的表示方法也不同。

（1）非电或非人工操作的开关或触点

对非电或非人工操作的开关或触点,既可以用文字说明其工作状态,也可以用坐标图形加以说明。

如图 1-14 所示,各组触点的运行方式分别使用了文字加以注释说明。

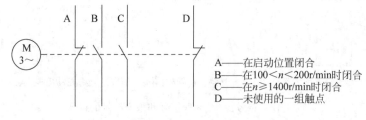

A——在启动位置闭合
B——在 $100 < n < 200$ r/min 时闭合
C——在 $n \geqslant 1400$ r/min 时闭合
D——未使用的一组触点

图 1-14　用文字说明开关或触点的运行方式

用坐标图形说明开关或触点工作状态时,垂直轴上的 0 和 1 分别表示触点断开和闭合;水平轴表示改变运行方式的条件,如温度、速度、时间、角度和位置等,见表 1-12。

表 1-12 用坐标图形说明开关或触点的运行方式

坐标图形	说 明	坐标图形	说 明
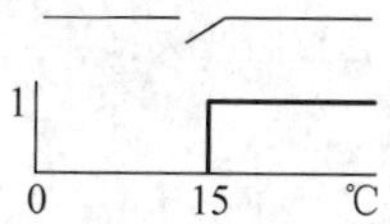	温度等于或超过 15℃时,触点闭合	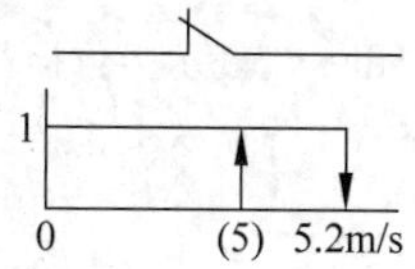	速度为 0m/s 时,触点闭合;等于或超过 5.2m/s 时,触点断开;当速度降为 5m/s 时,触点闭合
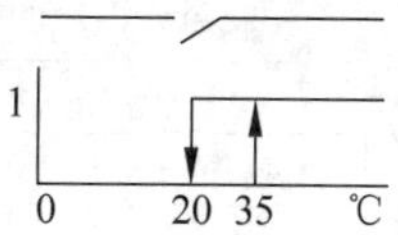	温度上升到 35℃时,触点闭合;温度下降到 20℃时,触点断开	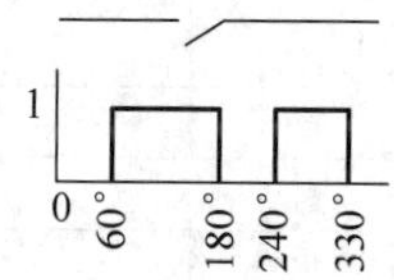	触点在 60°～180° 或 240°～330° 时,触点闭合;在其他位置时,触点断开
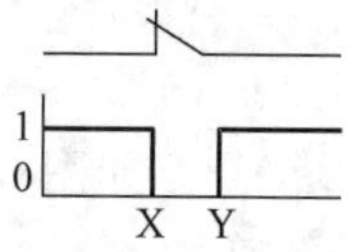	在位置 X 与 Y 之间触点断开;其他位置触点闭合	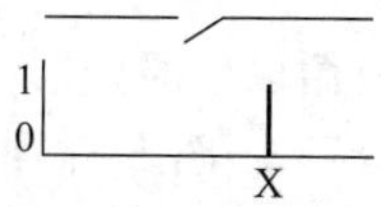	只在 X 位置时,触点闭合
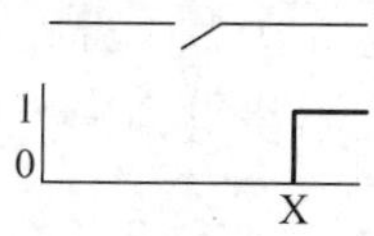	触点只在终端位置 X 处闭合	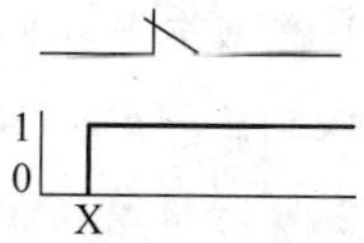	触点只在终端位置 X 处断开

(2) 多位操作开关

对于具有多个操作位置的组合开关、转换开关和滑动开关等,当旋钮的操作位置不同时,其内部各触点或开关的工作状态也不同。多位操作开关的工作状态与工作位置关系的表示方法如下。

① 图形符号中使用"·"表示。如图 1-15 所示,五位控制器的五个位置用纵向虚线表示,有"·"时表示手柄转到该位置时触点接通,无"·"时表示触点不接通。例如,手柄在 1 位置时,第二对触点下面有"·",表明此触点接通;手柄在 2 位置时,第三对触点接通;手柄在 0 位置时,第一对触点和第四对触点同时接通。

② 图形符号与连接表结合表示。如图 1-16 所示,是三位控制开关四对触点的图形符号,触点的工作状态与工作位置见表 1-13。连接表中"×"表示接通;"—"表示断开。例如,位置Ⅰ时,1—3接通;位置Ⅱ时,5—7接通;位置Ⅲ时,2—4和6—8接通。

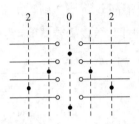 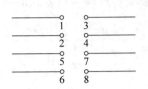

图1-15 图形符号中使用"·"表示多位操作开关工作状态与工作位置关系 图1-16 四对触点的三位控制开关符号

表1-13 三位控制开关的端子连接表

位置	端子			
	1—3	2—4	5—7	6—8
I	×	—	—	—
II	—	—	×	—
III	—	×	—	×

3. 图形符号的选择

选用图形符号时,应遵循以下原则。

(1) 同一设备或元件有几个图形符号时,应优先选用"优选形"图形符号。如图1-17所示,电阻器有两种形式的图形符号,绘图时应优先选用图1-17(a)所示的符号。

(2) 同一套电气图上,表示同一对象应采用同一种形式的图形符号。

(3) 当同种含义的图形符号有多种形式时,图形符号的选用以满足表达需要为原则。如变压器的单线画法和多线画法,分别适用于画单线图和需要表示变压器绕组、端子和其他标记的多线图,如图1-18所示。

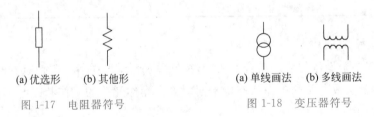

(a) 优选形   (b) 其他形   (a) 单线画法   (b) 多线画法

图1-17 电阻器符号   图1-18 变压器符号

(4) 对于结构复杂的图形符号除了有普通形外,还有简化形,在满足表达需要的前提下,应尽量选用最简单的符号表达形式。

4. 图形符号的大小和图线宽度

图形符号的大小,以国家标准 GB/T 4728 中给出的符号大小进行表示。符号的大小和图线宽度不影响符号的含义,可以对相同符号的尺寸大小、图线宽度进行放大或缩小。当需要强调具体项目或对其补充信息时,可对符号进行放大;当一个符号用来限定另一个符号时,可对该符号进行缩小。例如,三相同步发电机中的励磁机(GE)的图形符号,既可以与发电机(GS)符号大小一致,也可以小一些,如图1-19所示。

5. 图形符号的取向

通常情况下,图形符号的绘制取向是任意的。在不改变符号含义的前提下,可以根据图面布置的需要,将符号旋转或镜像放置,如图 1-20 所示。需要注意的是,文字和指示方向不能倒置,如图 1-21 所示。

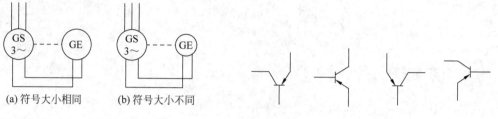

(a)符号大小相同　　(b)符号大小不同

图 1-19　图形符号的大小　　　　　图 1-20　图形符号旋转或镜像放置

电气图中占重要地位的各类开关、触点是少数对方位有规定的图形符号之一。垂直布置时,遵循"左开右闭"的原则;水平布置时,遵循"下开上闭"的原则,如图 1-22 所示。

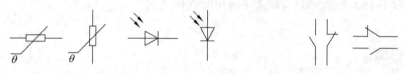

图 1-21　文字和指示方向不能倒置　　　图 1-22　开关、触点的图形符号取向

6. 图形符号的引线

图形符号上的连接线不是图形符号的组成部分。在不改变符号含义的前提下,引线可以取不同的方向,如图 1-23 所示。

当符号引线的位置影响到符号含义时,引线位置就不得随意改变。例如,引线从矩形两短边引出是电阻器图形符号,但从矩形两长边引出则变成接触器线圈的图形符号,如图 1-24 所示。

(a) 变压器　　　(b) 扬声器　　　　　(a) 电阻器　　(b) 接触器线圈

图 1-23　符号引线位置不影响符号含义　　图 1-24　符号引线位置影响符号含义

三、易混淆的图形符号

绘制和识读电气图时,应分清相似的图形符号。例如,实心箭头在线端,表示力或运动的方向;开口箭头在线中,表示信号与能量的流动方向;斜线带折,既可表示导线绞合,也可表示导线换位,如图 1-25 所示。

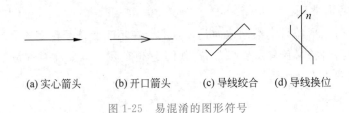

(a) 实心箭头　　　(b) 开口箭头　　　(c) 导线绞合　(d) 导线换位

图 1-25　易混淆的图形符号

知识回顾

(1) 什么是图形符号？它由哪几部分组成？

(2) 简述符号要素、一般符号、限定符号和方框符号的概念。

(3) 说明"×"和"·"在不同场合的不同含义。

(4) 选用图形符号应遵循哪些原则？

(5) 关于图形符号的取向有哪些规定？

(6) 线端实心箭头和线中开口箭头在使用时有何不同？

能力夯实

(1) 将如图 1-26 所示的各组符号进行组合，并说明组合后图形符号的含义。

(2) 识读如图 1-27 所示的图形符号，指出它们是由哪些符号构成的？

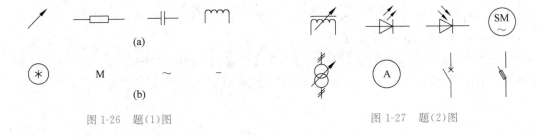

(a)

(b)

图 1-26　题(1)图　　　　　　　　　　　图 1-27　题(2)图

1.4　项目代号

学习要点

　　理解项目代号的概念和组成；了解特定导线和端子的规定标记符号；掌握高层代号、位置代号、种类代号、端子代号的前缀符号和简化方式；掌握项目代号的标注和使用方法；能够正确识别、标注电气图上的项目代号。

项目代号是指用于识别图、表格中和设备上的项目种类,并提供各项目的种类、层次关系、实际位置等信息的一种特定代号,由特定的前缀符号、字母和数字按照一定的规律组合而成。项目代号的标注,建立了图形符号与实物间一一对应的关系,有利于按电气图对电路进行安装、检修、分析与故障排查。本节主要介绍项目代号的组成、使用与标注方法。

一、项目代号的组成

项目代号由高层代号、位置代号、种类代号和端子代号四个代号段按实际层次对应关系组合而成,每个代号段由不同的前缀符号来识别,见表1-14。各代号段由前缀符号加字符代码组成,字符代码可以是拉丁字母、数字或拉丁字母与数字的组合,拉丁字母的意义没有统一的规定(种类代号的字符代码除外),且能在设计文件中找到说明。除端子标记使用小写字母外,其他代号段的字符代码大写和小写具有相同的意义,但优先选用大写字母。

表 1-14　项目代号前缀符号

高层代号	位置代号	种类代号	端子代号
=	+	—	:

1. 高层代号

高层代号是指系统或设备中任何较高层次(对给予代号的项目而言)的项目代号,具有项目总代号的含义,其命名是相对的,如电力系统、电力变压器、主传动装置、启动器或控制设备等。

高层代号的前缀是“=”,例如,电力系统相对于其下属的变电所来讲是高层代号,可以用“=S”来表示;若同时存在不同的电力系统,则分别用“=S1、=S2、=S3……”来表示。

高层代号可以由两组或多组代码复合而成,复合时较高层次的高层代号写在前面。如第一套机床传动系统中的第一种控制设备,其高层代号可表示为“=P1=T1”,也可简写为“=P1T1”。

2. 位置代号

位置代号是指项目在组件、设备、系统或建筑物中实际位置的代号。

位置代号的前缀是“+”,例如,P1系统的项目装在101室内,则该项目的位置代号表示为“+101”;某项目在第5号开关柜上,可用位置代号“+5”来表示。

位置代号可以由两组或多组代码复合而成,如P1系统的项目装在101室内A分机柜的第五个控制箱内,该项目的位置代号可表示为"＋101＋A＋5",也可简写为"＋101A5"。注意,如果相邻两组位置代码均为字母或数字,为了区分两个层次不同的位置代号,应在字母或数字之间加间隔号,如"＋101·5"或"＋A·B"。

3．种类代号

种类代号是用来识别电气图中项目的种类属性的代号,与项目的功能无关,是项目代号的核心。

种类代号的前缀是"－",其后的字符代码可以是国家标准规定的文字符号,也可以是自行定义的数字。通常情况下,字符代码有以下三种表达形式。

（1）字母加数字

这种表达形式中的字母采用文字符号中的基本文字符号,以反映项目的种类,优先选用单字母,不能超过双字母,如"－R4"表示第 4 个电阻器。

（2）给每个项目规定统一的数字序号

这种表达形式简单,只需将每个项目按顺序统一编号即可,只是项目的种类不易识别,需要在电气图中将数字序号与其对应的项目种类列表表示。如按电路中的信息流向将某项目编成 5 号,则该项目的种类代号为"－5",其代表的种类应在图后列表或技术说明中说明。

（3）按不同种类的项目分组编号

这种表达形式中编号的意义应自行确定,如"－1"表示电阻器类,"－2"表示电动机,对于图中的多个电阻器类元件可以表示为"－11,－12,－13……"

种类代号的复合只限于字符代码为字母加数字的表达形式,复合方法及简写形式与高层代号相同。

4．端子代号

端子代号是项目上用作与外电路进行电气连接的电气元器件接线端子的代号,是项目代号的最后一项。

端子代号的前缀是":",例如,端子板"－X"上的第 2 个接线端子,可以表示为"－X:2";与特定导线（包括绝缘导线）相连接的电器接线端子,应采用专门的标记符号,如与相位有关的三相交流电器的接线端子用 U、V、W 表示,并且与交流三相导线 L1、L2、L3 一一对应。电器接线端子标记见表 1-15,特定导线标记见表 1-16。

表 1-15　电器接线端子标记

电器接线端子的名称		标记符号	电器接线端子的名称	标记符号
交流系统	1 相	U	接地	E
	2 相	V	无噪声接地	TE
	3 相	W	机壳或机架	MM
	中性线	N	等电位	CC
保护接地		PE		

表 1-16　特定导线标记

导 线 名 称		标记符号	导 线 名 称	标记符号
交流系统的电源	1 相	L1	保护接地线	PE
	2 相	L2	不接地的保护导线	PU
	3 相	L3	保护接地线和中性线共用一线	PEN
	中性线	N	接地线	E
直流系统的电源	正	L+	无噪声接地线	TE
	负	L−	机壳或机架	MM
	中间线	M	等电位	CC

单个元件两个端点的端子代号标记可以用连续的两个数字表示,从"1"或"11""21"……开始排序。如图 1-28 所示熔断器的两个接线端子用"1"和"2"表示。

几个相同的元件组成一组时,各元件接线端子的字符代码可以以自然递增的数字表示,如图 1-29(a)所示交流接触器的三对动合触点;也可以在数字前加字母表示,如图 1-29(b)所示三相交流系统的端子代号;还可以在不识别相序的前提下,用如图 1-29(c)所示数字"1·1""2·1""3·1"表示(间隔号前的数字表示元件组中的不同元件,间隔号后的数字表示同一个元件的两个端子,如图 1-29(d)是省略附点的标注方式)。

图 1-28　单个元件的端子标注

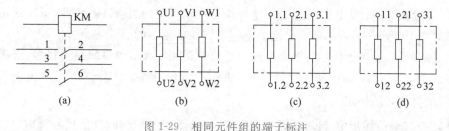

(a)　　　　　(b)　　　　　(c)　　　　　(d)

图 1-29　相同元件组的端子标注

二、项目代号的标注和使用

1. 项目代号的标注

电气图中项目代号的标注应有针对性,遵循分层说明、适当组合、符合规范、就近标注、有利看图的原则,根据项目自身的情况标注单一代号或组合代号。

(1) 单一的项目代号

单一的高层代号用于系统图、框图等层次较高的电气图中,标注在围框或图形符号的左上角。如果全图都同属一个高层或一个高层的一部分,高层代号可以标注在标题栏上方或标题栏内。

单一的位置代号用于安装图、接线图中,标注在表示单元的围框附近。

单一的种类代号广泛使用于电路图,标注在项目的图形符号附近或围框边,如图 1-30 所示。采用集中和半集中表示法的电路图中,项目代号只在图形符号旁标注一次;采用分开表示法的电路图中,项目的每一部分图形符号旁都要标注。

单一的端子代号用于接线图和电路图中,标注在端子符号的附近。不画小圆的接线端子,应将端子代号标注在符号引线附近,标注方向以看图方向为准;画在围框内的功能单元或结构单元的端子代号应标注在围框内,标注方向与围框的长边为水平。如图1-31所示为端子板端子代号的标注。

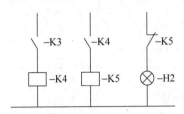

图 1-30 单一的种类代号标注

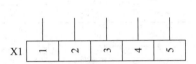

图 1-31 端子板的端子代号标注

（2）组合的项目代号

项目代号段的组合,可以是两种代号的组合,也可以是三种或四种代号的组合。代号组合越多,电气图面的清晰度越差,在明确表达的前提下,项目代号的标注应力求简洁明了。两种代号段的组合形式如下。

① 高层代号加种类代号的组合。这种组合形式只表示项目之间功能上的层次关系,不反映项目的安装位置。如,P1系统中的电力电容器的项目代号为"=P1-C"。

② 位置代号加种类代号的组合。这种组合形式只明确了项目的位置,不反映功能关系。如,"+101A-C2"表示第2个电力电容器在101室内的A分机柜上。

③ 种类代号加端子代号的组合。这种组合形式用于表示项目的端子代号,适用于接线图中。如,"-X1:2"表示第一个端子板上的第2个接线端。

2. 项目代号的使用

在项目代号的使用中,除种类代号可以单独表示一个项目外,其他代号段均应与种类代号组合才能较完整地表示一个项目。

在不引起误解的前提下,规定单一的端子代号标注时,可以省略前缀符号":";其他代号的前缀符号省略时,应在图纸的适当位置注释说明。

🔍 **知识回顾**

（1）什么是项目代号？它有哪几个代号段？各代号段的前缀符号是什么？

（2）简述高层代号、位置代号、种类代号和端子代号的概念。

（3）种类代号的字符代码有哪几种表达形式？

（4）简述两种代号段的组合形式。

（5）高层代号和种类代号的字母有什么规定？

（6）如何简写复合而成的高层代号和位置代号？

（1）识别下列项目代号，说明它们的含义。

=P1—T1　　=S1P1—C3

+5—M2　　=S1—K1

+101—T1　　—X:3

=T1+5—K2　=T1+C—K2:3

（2）如图 1-32 所示，设备=S1 的一个单元在 4 室，写出项目 11、12 的代号，并在图中标注 X1 中 3、6、7 号和项目 13 中的两个接线端的端子代号。

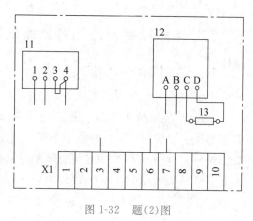

图 1-32　题（2）图

1.5　回 路 标 号

了解回路标号的概念和作用；理解回路标号的一般规则；掌握电气控制电路图各回路的标号方法；能够正确标注机床电气控制电路中主回路和控制回路的线号。

知识链接

回路标号是电路中用来表示各种回路的种类、特征的文字和数字标号，机床电气控制电路中的回路标号就是导线的线号。回路标号的作用是方便安装、维修人员在接线和查线时识读各个回路之间的连接关系。本节主要介绍回路标号的一般原则和电气控制电路图各回路的标号方法。

一、回路标号的一般原则

1. 等电位原则

回路中连接在同一点上的所有导线因具有相同的电位而标注相同的回路标号，就是等电位原则。

2. 元件间隔原则

被电气设备的线圈、绕组、电阻、电容、各类开关、触点等元件分开的线段，应标注不同的回路标号。

3. 功能分组原则

功能分组就是为按功能分组的回路分配一定范围的数字，然后为其标号。标号由三位或三位以下数字组成；需要标明回路相别和其他特征的标号,应在数字前加注必要的文字符号。

二、电气控制电路图各回路的标号方法

1. 一次回路的标注方法

（1）直流一次回路

直流一次回路即直流主电路,个位数用来区分回路的极性,如正极侧用奇数,负极侧用偶数；十位数用来区分回路中不同的线段,如正极回路用1、11、21……标注,负极侧用2、12、22……标注；百位数用来区分不同的供电电源回路,如A电源的正极回路标注101、111、121……,负极回路标注102、112、122……,B电源的正极回路标注201、211、221……,负极回路标注202、212、222……。注意,若电路共用一个电源,则百位数可以省略。

（2）交流一次回路

交流一次回路即交流主回路,个位数表示相别,如U为1相、V为2相、W为3相；十位数区分不同的线段,如U相回路用1、11、21、31……,V相回路用2、12、22、32……,W相回路用3、13、23、33……；百位数区分不同供电电源。

2. 二次回路的标注方法

（1）直流二次回路

直流二次回路的标注从电源正极开始,标注奇数1、3、5……,直到最后一个主要压降元件；再从电源负极开始,标注2、4、6……,直到与奇数号相遇。

（2）交流二次回路

交流二次回路的标注从电源一侧开始,标注奇数1、3、5……,直到最后一个主要压降元件；再从电源的另一侧开始,标注2、4、6……,直到与奇数号相遇。

三、机床电气控制电路的线号标注

1. 主回路线号标注

主回路线号由文字标号和数字标号构成,动力电路的标号应从电动机绕组自下而上标注。如图1-33所示,电源端用L1、L2和L3表示,1、2、3分别表示三相电源的相别,经电源开关换线后,线号变为L11、L12和L13；电动机三相绕组用U1、V1、W1表示,由于U、V、W表示相别,个位数1仅用来占位,经热继电器FR换线后,线号变为U11、V11、W11,再经接触器KM的主触点,线号变为U21、V21、W21,最后经熔断器FU与三相电源线相连。

2. 控制回路线号标注

控制回路无论是直流还是交流,线号标注方法都有以下两种。

（1）先标注控制回路电源引线线号,1通常标在控制线的最下方；然后按照控制回路从上到下、从左向右的顺序,以自然数递增序号按回路标号原则标注,如图1-34所示。如果有接地线,应将其线号标注为0。

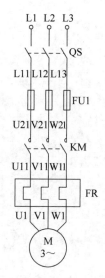

图 1-33 机床电气控制主回路线号标注

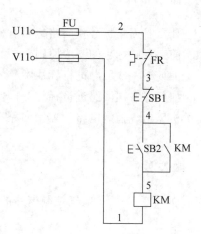

图 1-34 机床电气控制电路线号标注

对于存在多条支路的控制回路,可以标注完第一条支路线号后,从 11 开始标注第二条支路线号,如图 1-35 所示。注意,如果第一条支路的线号已经标注到 10 及以上,那么第二条支路可以从 21 开始标注,以此类推。

(2) 以压降元件为界,其两侧的不同线段标号分别按个位数的奇偶数来标注,方法与二次回路的标注相同,如图 1-36 所示。

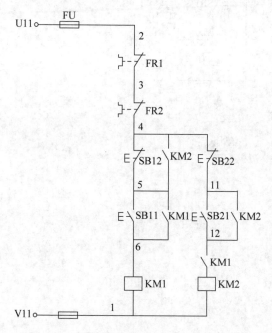

图 1-35 机床电气控制多支路电路线号标注

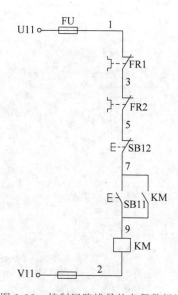

图 1-36 控制回路线号的奇偶数标注

知识回顾

（1）什么是回路标号？回路标号有什么作用？

（2）简述回路标号的一般原则。

（3）如何对一次回路进行标注？

（4）如何对二次回路进行标注？

（5）机床电气控制电路的控制回路有哪两种线号标注方法？

能力夯实

标注如图 1-37 所示电气控制电路的线号。

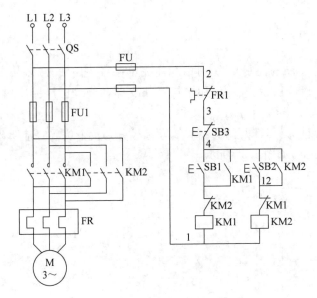

图 1-37　电气控制电路

单元 2

电气图基本表示方法

单元概述

在电气技术工程中,电气图是正确识读电气系统或设备的原理、功能和动作顺序的重要载体。电气图布局及其图上位置的表示方法,直接影响设计思想的表达和图面的清晰度;接线图中端子和连接线的识别标记,表明了电气系统各个元器件、设备或装置的内部和外部连接关系;电气元件和连接线的表示方法直接传递了电气系统或设备各组成部分之间的连接关系,是电气图的基本表示方法。

能力目标

(1) 能够正确识别分区位置代号;

(2) 能够进行电气图中元件的插图和表格的转换;

(3) 能够识读并标记机床电气控制电路图中元器件的位置;

(4) 能够识别导线符号表达的含义;

(5) 能够正确识读电气图的单线表示;

(6) 能够识读并标注接线图中端子和连接线的识别标记。

知识目标

(1) 了解图线、电路或元器件的布局;

(2) 了解图上位置的表示方法;

(3) 了解电气图中元器件的表示方法;

(4) 了解电气图中元器件技术数据的标注;

(5) 熟悉导线和导线连接的表示方法;

（6）熟悉图线粗细及围框线的使用；

（7）掌握坐标法及电气控制电路图的分区方法；

（8）掌握机床电气控制电路图符号位置的标记方法；

（9）掌握电气图中连接线的中断表示；

（10）掌握电路的单线表示法和多线表示法；

（11）掌握连接线的标记及各标记的概念和标注方法。

2.1　电气图布局及其图上位置的表示法

了解电气图上图线、电路或元器件的布局方法；了解表示电气图上位置的电路编号法和表格法；熟练掌握表示电气图上位置的坐标法及电气控制电路图的分区方法；能够正确识别分区位置代号。

电气工程中绘制的电气图属于简图。为了便于表达设计思路，电气图的图面布局应突出信息流及各级之间的功能关系，力求做到突出本意、布局合理、排列均匀、图面清晰、利于识读。由于电气图上各种电气设备、元器件很多，项目与项目之间的连接可能不在同一张图纸上，为了更直观地表达图与图、元件与元件之间的连接情况，电气图上位置的表达也是电气制图不可缺少的重要因素，常见的图上位置表达有坐标法、电路编号法和表格法。

一、电气图的布局方法

1. 图线布局

电气图上各种电气符号之间的连线，既可能是传输能量流、信息流的导线，也可能是表现逻辑流、功能流的图线。这些用于表示导线、信号通路、连接线等的图线最好是横平竖直的直线，尽量避免交叉或弯折。图线的布局有以下三种方法。

（1）水平布局

水平布局就是将表示设备和元件的图形符号横向布置，使其连接线成水平方向，各类似项目纵向对齐的图线布局方法，如图 2-1 所示。图线水平布局的电气图，其文字符号与普通图书中文字的排列方向一致，是主要的电气图图线布局形式。

（2）垂直布局

垂直布局就是将表示设备和元件的图形符号纵向排列，使其连接线成垂直方向，各类似项目横向对齐的图线布局方法，如图 2-2 所示。

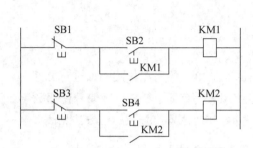

图 2-1　图线的水平布局

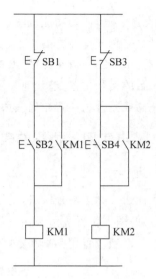

图 2-2　图线的垂直布局

（3）交叉布局

交叉布局就是将相应的元件连接成对称的布局，也可以采用斜向交叉线表示的图线布局方法，如图 2-3 所示。

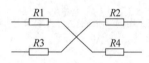

图 2-3　图线的交叉布局

较复杂的电气图中，图线布局的三种形式都有可能存在。系统图或框图中，绘制非电过程的部分流程能够更清楚地表达其功能概况，应尽量使控制信号流的方向与非电过程的流向相互垂直，在细线上绘制开口箭头表示电信号流向，在粗线上绘制实心箭头表示非电过程和信息的流向。

2. 电路或元件布局

电气图应清晰地表示电路中装置、设备和系统的构成及组成部分之间的相互关系。电路或元件的布局有以下两种方法。

（1）功能布局法

功能布局法是指忽略电路或元件的实际位置，只强调项目功能和工作原理的布局方法。为了使信息流向和电路功能清晰，在按功能布局的电气图中，电路应按工作顺序布局，元件的多组触点可以按功能分散在各功能电路中。

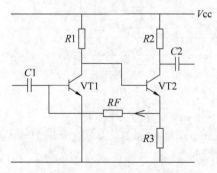

图 2-4　信号的流向

在功能布局法中，应将表示对象划分为若干个功能组，按照工作原理、动作顺序、功能联系等从左到右、自上而下布局。对单一信号流向不明显或流向相反的信号，应在信息线上画开口箭头表示信号的流向，如图 2-4 所示。为方便与相关的电气图对照，清楚地表示输入、输出的连接关系，图中的引出线或引入线应绘制在图纸边框附近，且输入在左边、输出在右边。

电路或元件的功能布局法适用于系统图、框

图、电路图、逻辑图和功能表图。

（2）位置布局法

位置布局法是指元件符号的位置与该元件的实际位置基本相同的布局方法。它通过强调项目的实际位置,清楚地表示元件的相对位置和导线的走向。

电路或元件的位置布局法适用于接线图、电缆配置图。

二、电气图上位置的表示方法

1. 坐标法

坐标法又称图幅分区法,是指从电气图的左上角开始将图样的幅面进行分区（分区数为偶数）的图上位置表示法。行的分区编号使用大写字母,列的分区编号使用数字,即电气图上各区域位置用字母和数字的组合来表示,分区位置代号及标记方法见表2-1。

表 2-1　分区位置代号及标记方法

元件的图上位置		标记方法
在同一张图内的关联符号	本图中的 C 行	C
	本图中的第 5 列	5
	本图中的 C 行 5 列	C5
不在同一张图内的关联符号	具有相同图号的第 2 张图的 C5 区	2/C5
	图号为 123 的单张图纸的 C5 区	图 123/C5
	图号为 123 的第 2 张图的 C5 区	图 123/2/C5
按项目代号确定位置（假定项目为＝W1 系统）	＝W1 系统的单张图的 C5 区	＝W1/C5
	＝W1 系统的第 2 张图的 C5 区	＝W1/2/C5

普通电气图的图幅分区如图 2-5 所示,阴影区域的图上位置为 C3；机床电气控制电路图的分区只按列用数字进行分区编号（分区数及分区长度不限）,如图 2-6 所示,阴影区域的图上位置为 6 区。

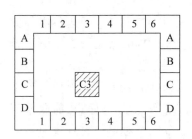

图 2-5　普通电气图的图幅分区

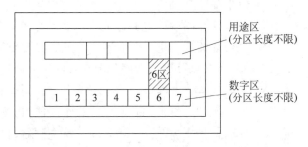

图 2-6　机床电气控制电路图的图幅分区

在电气图上,坐标法既可以表示导线的去向,也可以表示符号或元件的位置。如图 2-7 所示,图中导线的标记表示了导线另一端所在的位置,即图号为 15 的单张图纸 B2 区的导线将连接到图号为 10 的单张图纸 B4 区的导线上。表示元件位置的分区位置代号可以标注在项目旁,也可以标注在项目的下方。

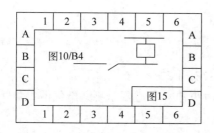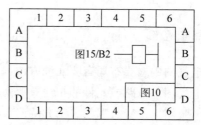

图 2-7　坐标法表示导线的去向

2. 电路编号法

电路编号法是用数字编号来表示电气图中的电路或分支的图上位置表示法。图线为水平布局的电气图，电路编号应按自上而下的顺序；图线为垂直布局的电气图，电路编号应按自左而右的顺序。在电路编号法表示元件图上位置的电气图中，元件相关联部分所在的位置可在元件符号的旁边标注，如图 2-8 所示。图中的部分支路按从左向右的顺序编号，线圈 KM1 下方的 2 表示它所驱动的触点在 2 号支路上，触点 KM1 下方的 1 表示驱动它的线圈在 1 号支路上，其他线圈和触点下方数字的标注以此类推。

3. 表格法

表格法是用绘制在电气图附近的表格来表示项目代号分类的图上位置表示法，表格中的项目代号应与电气图中的各项目——对应。利用表格法表示元件的图上位置有利于元器件的归类和统计，如图 2-9 所示。

图 2-8　电路编号法

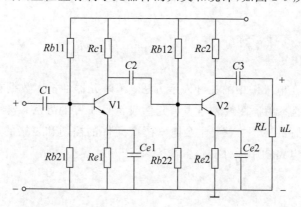

电阻器	Rb11	Rb21	Rc1	Re1	Rb12	Rb22	Rc2	Re2	RL
电容器	C1		C2	Ce1			C3	Ce2	
晶体管			V1				V2		

图 2-9　表格法

知识回顾

(1) 电气图中图线布局有哪几种方法？各有什么特点？

(2) 电气图中电路或元件的布局有哪两种方法？各适用于哪些电气图？

(3) 电气图上位置有哪些表示方法？

(4) 什么是图幅分区法？如何进行图幅分区？

(5) 什么是电路编号法？

(6) 什么是表格法？用表格法表示图上元件位置有什么意义？

能力夯实

识别分区位置代号和标记，正确填写表格中空白部分，见表 2-2。

表 2-2　识别分区位置代号和标记

符号或元件的位置	标记方法	符号或元件的位置	标记方法
同一张图纸上的 A3 区		=P1 系统的单张图的 A3 区	
	A		20/A3
图号为 15 的单张图的 A3 区			=P1/3
	图 2/20/A3	=P1 系统第 20 张图的 A3 区	

2.2　电气图中元件的表示方法

学习要点

　　了解电气元件在电气图中的三种表示方法；了解元器件技术数据在电气图中的表示方法及标注位置；熟悉用插图或表格表示元件或符号位置的方法；熟练掌握机床电气控制电路图中符号位置的标记方法；学会电气图中元件的插图和表格的转换；能够识读并列出机床电气控制电路图中元件的位置简表。

知识链接

　　不同的电气图中，同一电气元件和设备的结构、功能、安装位置及其在电路中的连接采用的图形符号、表示方法都不相同。如系统图、框图和位置图用的是元件的方框符号或简化外形符号；电路图或接线图用的是元件的一般图形符号。常见的元器件表示方法有集中表示法、半集中表示法和分开表示法。本节主要介绍电气图中元器件的几种表示方法、机床电气控制电路图中元件位置的标记及某些元器件技术数据的标注。

一、常见元器件的表示方法

1. 集中表示法

集中表示法也叫整体表示法,是把设备或元器件各组成部分的图形符号用机械连接线(虚线)连接起来,集中绘制在电气图上的元件表示方法。集中表示法中的机械连接线必须是一条直线。如图 2-10 所示,是继电器－K1 的线圈和三对触点的集中表示法。

集中表示法体现了电气图的整体性,电器元件之间的相互关系直观清楚,用于简单的非大型电路。

2. 半集中表示法

半集中表示法是把同一项目具有机械功能联系的各个部分或其中几个部分的图形符号用机械连接线(虚线)连接起来,分开绘制在电气图上的元件表示方法。半集中表示法中的机械连接可以是直线,也可以弯折、分支和交叉。如图 2-11 所示,是交流接触器－KM的线圈、三对主触点和一对辅助动合触点的半集中表示法。

3. 分开表示法

分开表示法也叫展开表示法,是把一个项目中某些部分的图形符号分开绘制在电气图上,并通过标注各个部分的项目代号来表示它们之间关系的元件表示方法。由于省去了项目各组成部分的机械连接线,分开表示法使电路布局更清晰且无交叉、易于识别。

对于采用分开表示法的较复杂电路,全部找出图中同一项目的图形符号略显困难。为了识别元器件或设备的各组成部分,寻找它在图中的位置,可以使用插图或表格表示各部分的位置。

(1)插图

同一项目分别绘制在图中不同位置的各组成部分,采用集中表示法在靠近元件驱动部分的图形符号下方另外绘制一张插图,并在插图上标记项目的种类代号、端子代号及其位置代号。如图 2-12 所示,继电器－K1 的线圈驱动三对触点,动合触点 11—12 后面括号内的"3/2"表示该触点在同一图号的第 3 张图的第 2 列;动断触点 21—22 后面括号内的"图 12/B"表示该触点在图号为 12 的单张图的 B 行;动断触点 31—32 后面没有括号,表示该触点没有被使用。

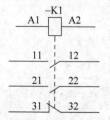

图 2-10　元件的集中表示法

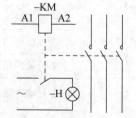

图 2-11　元件的半集中表示法

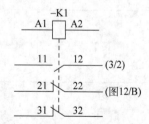

图 2-12　插图示例

（2）表格

将同一项目分别绘制在图中不同位置，各组成部分集中绘制在一张表格上，表格应在靠近元件驱动部分的图形符号下方，表头是文字符号或图形符号。表格第一列为动合触点，第二列为动断触点，第三列为触点位置；未使用的触点在触点位置栏为空白。图2-12插图所对应的表格见表2-3。

采用电路编号法的电路图中，表格中可省略触点的端子代号，触点的位置信息是电路编号。如图2-13所示，继电器—K2线圈所在支路下方的简表中，数字2表示它所驱动的动合触点在编号为2的支路中；数字3表示它所驱动的动断触点在编号为3的支路中；表格中的短线表示它的另一对动断触点没有被使用。

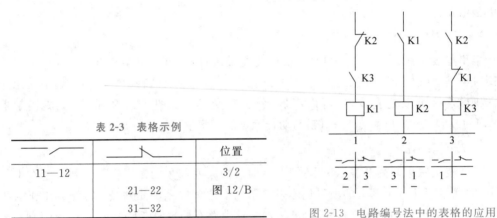

表2-3　表格示例

/	/	位置
11—12		3/2
	21—22	图12/B
	31—32	

图2-13　电路编号法中的表格的应用

二、机床电气控制电路图中符号位置的标记

在按列进行图幅纵向分区或按电路编号法进行分区的机床电气控制电路中，控制元器件中的交流接触器或继电器线圈所驱动的触点位置，可以通过简化表格来表示。简表无表头，只列出具有统一意义的竖行：接触器的第一列表示三对主触点所处图中的区号，第二列表示两对辅助动合（常开）触点所处图中的区号，第三列表示两对辅助动断（常闭）触点所处图中的区号；继电器的第一列表示动合（常开）触点所处图中的区号，第二列表示动断（常闭）触点所处图中的区号；备用而未使用的触点用"×"表示，见表2-4。

表2-4　机床电气控制电路符号位置标记示例

分　类	标　记　代　号	标　记　含　义
接触器	3｜5｜4 3｜×｜7 3｜ ｜	三对主触点位于3区内
		两对辅助动合触点，一对在5区内，另一对未使用
		两对辅助动断触点，分别在4区和7区内
继电器	2｜4 6｜× ×｜×	三对动合触点，2区和6区各一对，另一对未使用
		三对动断触点，一对在4区内，另两对未使用

简表可绘制在所属接触器或继电器的驱动线圈符号附近,也可集中绘制在图中的空白处(必须标注相应的种类代号)。通常情况下,简表应置于驱动线圈的下方,如图 2-14 所示。

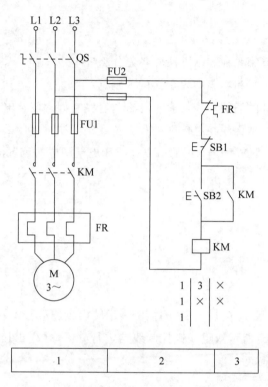

图 2-14　机床电气图中以简表表示符号位置

三、元器件技术数据的标注

电气图中,元器件图形符号旁标注技术数据(型号、规格、额定值等)有助于理解电路工作原理。如图 2-15(a)所示,项目代号为－T1 电力变压器,标注的技术数据有:型号为 SL7-1000/10、变压比为 10/0.4kV、连接组别为 Y,d11。

(a) 电力变压器　　　(b) 电流继电器　　　(c) 电阻和电容

图 2-15　元器件技术数据的标注

元器件的主要技术参数可以标注在相应图形符号旁边;也可以列为表格集中表达在图的空白处;还可以标注在如继电器线圈、仪表等的方框符号或简化外形符号内,如图 2-15(b)所示。国家标准规定,连接线水平布局时,技术数据标注在图形符号的下方;

连接线垂直布局时,技术数据标注在图形符号的右侧、项目代号的下方,如图 2-15(c)所示。

知识回顾

(1) 常见元器件有哪几种表示方法? 各是什么?

(2) 简述集中表示法和半集中表示法的区别。

(3) 电气图中元件的插图和表格表示什么内容? 它们常位于电气图的什么位置?

(4) 元器件技术数据标注在电气图的什么位置? 标注时有什么规定?

(5) 说明接触器-KM 和-KA 的触点在机床电气图中的位置简表的含义。

3	5	10		3	5
3	7	×		6	×
3				×	×

能力拓实

(1) 如图 2-16 所示,将项目-K2 的插图表示转换成表格形式。

(2) 试对如图 2-17 所示双重联锁控制线路进行分区,并列出接触器-KM1 和 KM2 的触点在图中的位置简表。

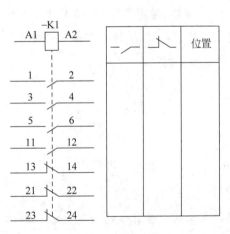

图 2-16　题(1)图

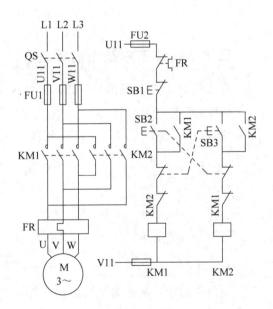

图 2-17　题(2)图

2.3　电气图中连接线的表示方法

学习要点

　　熟悉导线和导线连接的一般表示方法；了解图线粗细的应用场合；了解电气图中围框的分类及围框线的使用；掌握电气图中连接线的中断表示及标记；能够识别导线符号表达的含义。

知识链接

　　电气图中各种电气元件图形符号的连接线是传输能量流、信息流、逻辑流和功能流的图线。本节主要介绍电气图中常用的几种连接线。

一、导线的一般表示方法

1. 导线的一般符号

　　导线的一般符号常用来表示导线、导线组、电线、母线、总线、绞线、电缆、线路及各种传输通路，如图 2-18 所示。

　　　　　　　　　　　　　(a) 导线的一般符号　　　(b) 母线或总线

图 2-18　导线的符号

2. 多根导线的表示方法

　　电气图中的多条平行连接线应进行分组，同一功能的平行线画在一起并标注其功能或特征标记；不同功能的平行线可以任意分组，且组内平行线不多于三条。组内线间距应小于组间距，如图 2-19 所示。

　　走向相同的多根导线可以表示为一根图线加短斜线(45°)，多于 4 根导线时，用小短斜线加数字表示；少于 4 根导线时，短斜线的数量可代表导线根数，如图 2-20 所示。

~220V

~110V

(a) 三根导线　　　　(b) n 根导线

图 2-19　多条平行连接线的分组　　　图 2-20　多根导线的表示方法

3. 导线特征数据的标注

导线材料、截面积、电压、频率等特征数据应标注在导线的上方或下方。通常情况下,横线上方标注电流种类、配电系统、频率和电压等;横线下方标注电路的导线数乘以每根导线截面积(mm²),不同截面积的导线,用"+"分开,如图 2-21(a)所示。导线的型号、截面积和安装方法等,可用指引线标注,如图 2-21(b)所示。

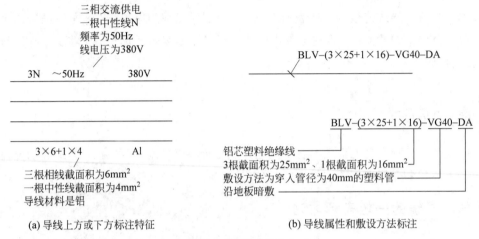

(a) 导线上方或下方标注特征   (b) 导线属性和敷设方法标注

图 2-21　导线特征数据标注

4. 导线换位表示

电路相序的变更、极性的反向和导线的交换等可用交换号来表示,如图 2-22 所示。图中 L1 相与 L3 相换位。

图 2-22　导线换位表示

二、导线连接的表示

导线有 T 形连接和多线的十字形连接两种形式,如图 2-23 所示。T 形连接的连接点可以加实心圆点"·",也可以不加实心圆点;十字形连接在表示导线交叉且相连时,必须加实心圆点"·",表示交叉且不相连(跨越)时,不能加实心圆点。

导线十字形连接时,应尽量避免在导线交叉处改变方向,也应避免穿过其他连接线的连接点,如图 2-24 所示。

(a) T形连接　　　(b) 十字形连接

图 2-23　导线的 T 形连接和十字形连接

(a) 正确　　　(b) 错误

图 2-24　导线连接交叉处改变方向

三、图线的粗细

不同粗细的图线可用来区分电路、设备、元器件及电路的功能。通常情况下,电源主电路、一次电路、主信号通路、非电过程等应采用粗线,控制回路、二次回路、电压回路等采用细实线,且母线应比粗实线宽。如图 2-25 所示电路中,电源主电路采用粗实线,其余部分采用细实线。

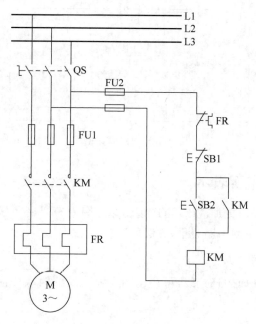

图 2-25 图线粗细举例

四、围框

1. 点画线围框

点画线围框表示需要在电气图上显示图中某个部分的功能单元、结构单元或项目组。为了图面清晰,围框的形状可以是不规则的,如图 2-26 所示。图中,用围框表示的两个继电器 KM1、KM2 及其触点的作用关系清晰可见。

2. 双点画线围框

双点画线围框表示电气图安装在别处而功能与本图相关的部分。如图 2-27 所示,一A 单元内的功能单元—B,虽然在功能上与—A 单元有关,但安装在图 12 上,其详细资料应在图 12 的—B 单元表明,故—B 的内部接线全部省略。

3. 围框线的使用

围框线不应与元件图形符号相交,但插头、插座与端子符号除外。插头、插座与端子符号既可以画在围框线上,也可以画在围框线内,还可以省略。

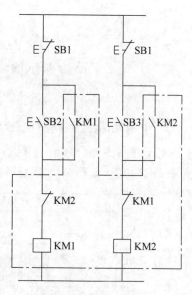

图 2-26 点画线围框

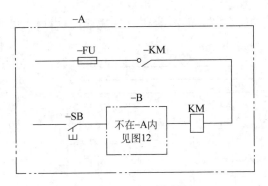

图 2-27 双点画线围框

五、连接线的中断表示

为简化线路图使图面更加清晰,当连接线穿过图中符号密集区域或连接不同图纸上的元器件时,连接线应采用中断表示,方法如下。

1. 中断处标注相同字母

走向相同或穿越图面的连接线,可在连接线中断处的两端标注相应的文字符号或数字编号,如图 2-28 所示。

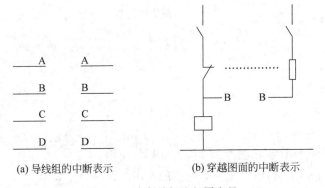

(a) 导线组的中断表示　　　　(b) 穿越图面的中断表示

图 2-28　中断处标注相同字母

2. 中断处标注另一端的图号及位置

对于进行图幅分区的电气图,可在中断处采用相对标注法标注连接线的去向,即标注图号/图区位置,如图 2-29 所示。

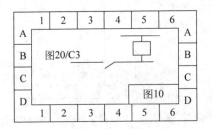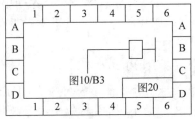

图 2-29　中断处标注另一端的图号及位置

3. 中断处标注符号标记

电气设备、元器件和功能单元之间的连接线，可在中断处采用相对标注法标注要连接的对方元件的端子号。如图2-30所示，−A元件的1号端子与−B元件的2号端子相连；−A元件的2号端子与−B元件的1号端子相连。

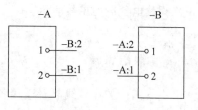

图 2-30　中断处标注符号标记

　知识回顾

（1）导线特征数据应标注在导线的什么位置？

（2）导线有哪两种连接方式？

（3）电气图绘制中粗、细实线如何使用？

（4）简述点画线围框和双点画线围框在电气图中的区别。

（5）使用围框线有什么规定？

（6）连接线的中断有哪三种表示方法？分别是怎样标记的？

　能力夯实

如图2-31所示，识别各符号所表达的含义。

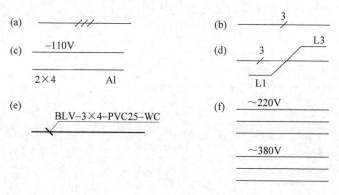

图 2-31　题图

2.4　电气图的多线表示和单线表示

　**学习要点**

了解电气图多线表示和单线表示的概念和适用场合；理解互连接线图的多线表示；掌握电气图单线表示的方法；掌握电气图中连接线的多线表示和单线表示的区别；能够

正确识读电气图的单线表示。

电气图中的连接线起着连接各种电气设备、元器件的作用。按照图中图线的表达相数不同,连接线分为多线表示、单线表示和混合表示三种方法。本节主要介绍连接线的多线表示和单线表示。

一、多线表示法

多线表示法是电气图中电气设备的每根连接线各用一条图线表示的方法,它能够清楚地反映出电路的工作原理。多线表示法适用于各相或各线内容不对称和要详细表示各相或各线的具体连接方法的场合。

在单元互连接线图的多线表示中,三个位置代号分别为+A、+B和+C的结构单元,对应的接线端子板和端子代号如图2-32所示。用来连接各单元的电缆项目代号分别为-W101、-W102和-W103,电缆中的每根芯线都以数字为标记且芯线直径为1.5mm。+A单元的外接电源为交流220V,由项目代号为+D的单元提供。

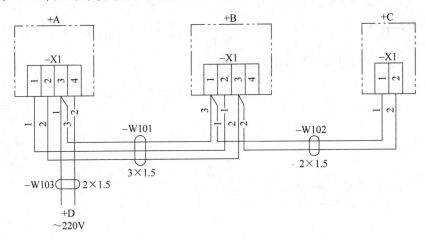

图 2-32 互连接线图的多线表示

二、单线表示法

单线表示法是电气图中电气设备的两根或两根以上(通常为三相系统的三根)连接线或导线,只用一根图线表示的方法,易于绘制且清晰易读。单线表示法适用于三相或多线对称或基本对称的场合。

1. 导线组的单线表示

多条走向相同的连接线的单线表示如图2-33所示。若连接线两端所处位置不同,应在连接线的线端加注相同的标记;若两端都按序号编号,且导线组内线数相同,在不引起错接的情况下可以省略标记。

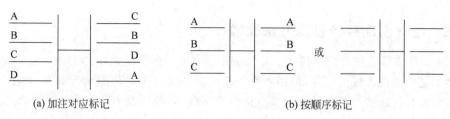

(a) 加注对应标记　　　　　　　　　　(b) 按顺序标记

图 2-33　导线组的单线表示

2. 单根导线汇入的单线表示

单根导线汇入表示导线组的单线时,汇接处用短斜线表示。短斜线的方向应方便识别连接线进入或离开汇总线的方向,且连接线的末端标注相同的符号,如图 2-34 所示。

图 2-34　单根导线汇入的单线表示

3. 三相供配电系统的单线表示

用单线表示三相三线或三相四线制供配电系统时,对称部分常以单线形式表示;不对称部分既可画成多线的图形符号,也可在图中注释。电动机正、反转控制主电路的单线表示如图 2-35 所示,热继电器图形符号中的"2"表明它是两相。

4. 电缆线的单线表示

用单线表示的连接不同结构单元的电缆,由于各端子之间的连接导体是用电缆中的单根芯线来表示的,因此电缆两端的芯线要分别加注芯线号作为标记,如图 2-36 所示。图中,＋A－X1 的 1、3 端子引出的线号为 1、2 的两根芯线汇入－W107 号电缆,分别与＋B－X2 的 2、1 端子相连接。

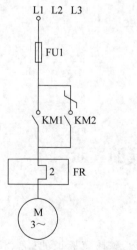

图 2-35　三相供配电系统的单线表示

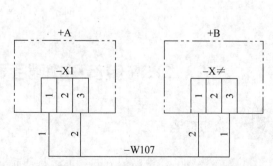

图 2-36　电缆线的单线表示

三、电气图连接线表示方法比较

（1）多线表示法是每根连接线或导线都用各自的一条图线表示的方法。优点是能够详细地表达各相或各线的内容,适用于在各相或各线内容不对称的情况和要详细地表示各相或各线具体连接方法的场合。缺点是由于图线多,特别是对于含较复杂电气设备的电气图,不便于读图。

（2）单线表示法是两根或两根以上的连接线或导线只用一条图线表示的方法,其特点是只适用于三相或多线基本对称的场合。

（3）混合表示法是一部分用单线表示,另一部分用多线表示的方法,具有使用灵活方便的特点。

 知识回顾

（1）什么是连接线的多线表示法？适用于什么场合？
（2）什么是连接线的单线表示法？适用于什么场合？
（3）简述多线表示法的优缺点。

 能力夯实

互连接线图的单线表示如图 2-37 所示,试说明图中各结构单元的连接情况。

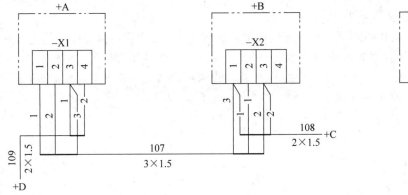
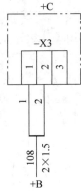

图 2-37　互连接线图

2.5　接线图中端子和连接线的表示

 学习要点

了解连接线的几种标记方式；了解从属标记的分类；了解补充标记的概念和方法；

掌握从属标记、独立标记的概念和标注原则；能够识读并标注接线图中端子和连接线的识别标记。

知识链接

　　接线图是用符号表示成套装置、设备或装置的内部、外部和各种连接关系的简图，用于安装接线、线路检查、线路维修和故障处理。接线图上端子间的连接线既可画成连续的，也可画成中断的，但无论连续还是中断，在线的两端都应做标记，主标记和补充标记是常用的两种标记方式。

一、主标记

　　只对线束、导线的特征做标记，而不考虑电气功能的标记系统，称为主标记。主标记分为从属标记和独立标记两种。

　　1. 从属标记

　　按照标记的不同形式，从属标记分为从属本端标记、从属远端标记和从属两端标记三种。

　　（1）从属本端标记

　　从属本端标记是指用与线束或导线端部直接相连的端子代号作为导线标记的标注方式，适用于拆卸后再按原样重新与端子连接的导线的本端接线。

　　如图2-38所示，项目－A和－B之间的两根连接线，用于连接－A的1、3端子和－B的b、d端子。项目－A的端子引出线的本端端子标记为－A:1和－A:3；项目－B的端子引出线的本端端子标记为－B:b和－B:d。在不引起歧义的情况下，可以忽略标记中的种类代号而只标注端子代号，即图中项目－A的端子引出线的本端端子标注为1和3，项目－B的端子引出线的本端端子标注为b和d。

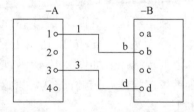

图2-38　从属本端标记

　　（2）从属远端标记

　　从属远端标记是指用与线束或导线远端直接相连的端子代号作为导线标记的标注方式，适用于指明导线的去向。

　　如图2-39所示，项目－A和－B之间的两根连接线，用于连接－A的2、4端子和－B的a、d端子。项目－A的端子引出线的远端端子标记为－B:a和－B:d；项目－B的端子引出线的远端端子标记为－A:2和－A:4。在不引起歧义的情况下，可以忽略标记中的种类代号而只标注端子代号，即图中项目－A的端子引出线的远端端子标注为a和d，项目－B的端子引出线的远端端子标注为2和4。

　　（3）从属两端标记

　　从属两端标记是指在线束或导线的两端既标注与本端直接相连的端子代号，也标注与远端相连的端子代号的标注方式。从属两端标记结合了从属本端标记和从属远端标记

的优点,其标注应遵循"近端靠近、两端同一"的原则,如图 2-40 所示,项目－A 和－B 连接导线的两端分别标注"2—b"和"3—d"。

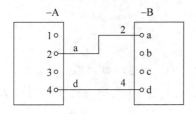

图 2-39　从属远端标记

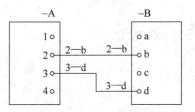

图 2-40　从属两端标记

连接线作中断表示时,线束或导线的标记可标注在端子引出线旁。与图 2-38、图 2-39 和图 2-40 相对应的连接线的中断表示如图 2-41 所示。

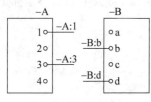

(a) 从属本端标注

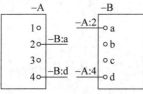

(b) 从属远端标注

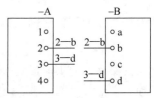

(c) 从属两端标注

图 2-41　中断线的从属标记

2. 独立标记

独立标记是指线束或导线的标记与其所连接的端子代号无关的标记方式,适用于只用连接线方式表示的电气接线图。如图 2-42 所示,项目－A 和－B 之间的两根连接线,分别标记为与项目端子代号无关的 a 和 b。

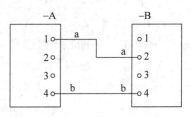

图 2-42　独立标记

二、补充标记

补充标记是说明电气图中导线或连接线的功能、相位、极性等电气功能的字母或特定符号,与主标记配合使用时用"/"分开。补充标记的符号应以国家标准中电气技术常用辅助文字符号为依据,非必要时可以不标注。如图 2-43 所示,补充标记 PE 说明这根连接线用来保护接地线。

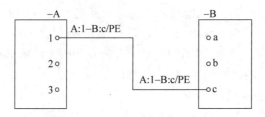

图 2-43　补充标记

 知识回顾

(1) 什么是主标记？它是怎么分类的？

(2) 简述从属本端、从属远端和从属两端标记的概念。

(3) 从属两端标记的标注应遵循什么原则？

(4) 什么是独立标记？适用于什么场合？

(5) 什么是补充标记？它的符号有什么规定？

 能力夯实

(1) 如图 2-44 所示，试标注图中各项目连接线的远端标记。

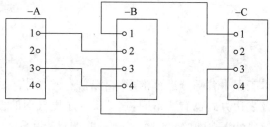

图 2-44　题(1)图

(2) 如图 2-45 所示，识读各项目的端子引出线标记，并将引出线连接到相关的端子上。

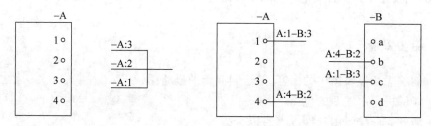

图 2-45　题(2)图

单元 3

电气图类型

单元概述

电气图是电气技术工程中各部分进行沟通、交流信息的载体。由于对象性质不同,电气图提供的信息类型及表达方式也有所不同,这就形成了电气图的多样性。比如,表示系统的规模、整体方案、组成情况、主要特征时,需要概略图;表示系统、装置的电气作用和原理,分析电路特征时,需要电路图;表示对系统、设备进行安装和接线时,需要接线图;在数字电子技术中,由于各种集成电路的应用,使电路能实现各种逻辑功能,表明实现逻辑功能的电气图,需要逻辑图。各类电气图除了遵循电气图的一般规则外,还都具有各自的特点。

能力目标

(1) 能够识读概略图中的内容,并绘制简单的概略图;
(2) 能够进行电路图的化简;
(3) 能够完成接线图和接线表的转换;
(4) 能够识读并分析逻辑图,绘制真值表;
(5) 能够识读功能表图描述的控制系统工作情况。

知识目标

(1) 了解电气图的类型及适用范围;
(2) 了解不同电气图的特点及其布图规则;
(3) 了解单元接线图中视图的选择和多层项目视图的表示方法;
(4) 了解控制系统的组成和划分;
(5) 理解不同电气图的概念及作用;

（6）理解逻辑状态及逻辑约定的含义；

（7）掌握不同电气图连接线的特点及项目代号的标注方法；

（8）掌握电路图中电源的表示及电路简化方法；

（9）掌握不同接线图及其接线表之间的关系；

（10）掌握二进制逻辑单元图形符号的组成和表示方法；

（11）掌握逻辑图中的时序图和真值表；

（12）掌握功能表图的组成及其表示方法。

3.1 概　略　图

学习要点

了解概略图在电气图中的地位和作用；了解概略图的布局规律；理解系统概略图的概念；掌握概略图的基本形式、连接线的特点及项目代号的标注方法；能够识读概略图中的内容，并绘制简单的概略图。

知识链接

电气概略图在电气图中占有十分重要的地位，它通常是某一系统、某一设备或某一装置成套设计图中的第一张图样，主要用来表明电气系统的规模、整体方案、组成情况及主要特性等。电气概略图可作为操作和维修的参考图样，也可作为进一步编制详细技术文件的依据。

一、概略图的作用和特点

概略图也称为系统图或框图，是用来表示系统、装置、设备、电器、部件、软件中各项目之间主要关系和连接的相对简单的简图。1998 年实施的国家标准 GB/T 6988—1997 中，将系统图和框图统一成概略图。

概略图的绘制应将对象逐级分解，进行分层次绘制。较高层级的概略图可反映对象的概况，较低层次的概略图可将对象表达得较为详细。

1. 主要作用

（1）作为教学、训练、操作和维修的基础文件，使人们对系统、装置、设备等有一个概括性的了解。

（2）为进一步编制详细技术文件以及绘制电路图、逻辑图、接线图等提供依据。

2. 基本特点

（1）概略图包括电气和非电气的组成部分。

（2）概略图中可使用表示项目（含方框符号在内）的图形符号。

（3）在概略图中能突出所描述项目的某一方面,如功能、地形、连接性等方面。

（4）概略图中,多回路电路应使用单线表示,各组成部分用围框来区分。

二、概略图的基本知识

1. 布局

概略图宜采用功能布局法布图,必要时也可按位置布局法布图。为便于识读,并清晰地表达过程和信息的流向,概略图绘制时应使过程流向与控制信号流向相互垂直,如图 3-1 所示。

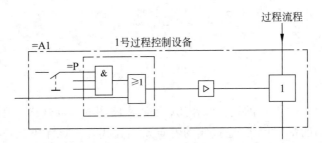

图 3-1　概略图中过程流向与控制信号流向

2. 基本形式

（1）用一般符号绘制的概略图

这种概略图常采用单线表示法绘制。某电力供电系统的示意图如图 3-2 所示,图中清楚地表达了电力供电系统中工作的全过程。如果用图形符号表示发电机、变压器、线路和负荷,并标注一定的文字符号,该电力供电系统图可绘制成如图 3-3 所示的概略图。

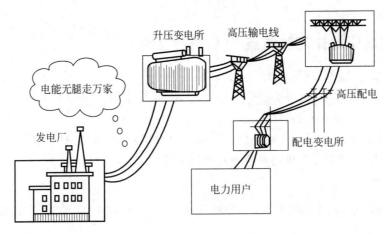

图 3-2　某电力供电系统的示意图

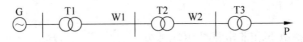

图 3-3　某电力供电系统的概略图

(2) 用方框符号绘制的概略图

方框符号主要表示元器件、设备等的组成及其功能,是既不表达元器件、设备的细节,也不考虑所有连接的一种简单的图形符号。"框"是概略图中的主要内容,用来表示系统或分系统的组成,框中的内容可以随着概略图的表示层次不同而不同。某电力供电系统的框图如图 3-4 所示。

图 3-4 某电力供电系统的框图

用方框符号绘制的收音机工作过程的概略图如图 3-5 所示。

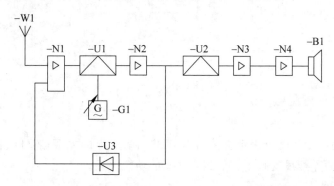

图 3-5 收音机工作过程的概略图

(3) 用带注释的框绘制概略图

在无法使用适当的符号和方框符号表示的情况下,可以使用带注释的框绘制概略图,框的大小应根据注释内容、图面布局等条件来确定。概略图中带注释的框可以是实线框,也可以是点画线框(点画线框一般包含的内容更多一些),框内注释表达的内容和用途可分别使用图形符号或文字,也可两者兼用,如图 3-6 所示。图 3-6(a)采用图形符号注释方法,详细地表示了框中各主要元器件的连接关系;图 3-6(b)采用文字注释,用文字直接说明该框的功能及工作原理等;图 3-6(c)采用符号与文字相结合的注释方法,有利于识读。

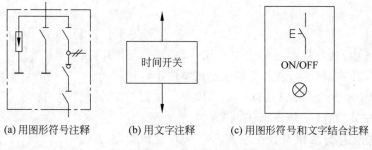

(a)用图形符号注释 (b)用文字注释 (c)用图形符号和文字结合注释

图 3-6 带注释的框

（4）与非电流程统一绘制的概略图

在某些特定情况下,与非电流程统一绘制的概略图能更加清楚地表示系统的构成和特性。图 3-7 所示是某水泵的供电和给水系统的概略图。图中清楚地表示了电动机供电、水泵工作和控制三部分之间的连接关系。

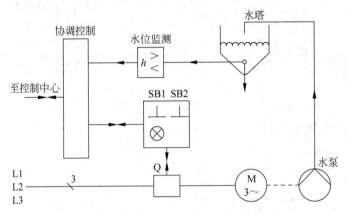

图 3-7   某水泵供电和给水系统的概略图

3. 连接线

概略图上的连接线既可表示机械的连接,也可表示电的关系,还可以表示非电过程流程,各部分之间的连接线反映了它们相互之间的功能关系。

（1）连接方式

与概略图点画线框相连的连接线,必须接到框内的图形符号上。采用带注释的实线框时,则连接线应接到框的轮廓线上。

（2）连接线的形式

① 概略图采用单线形式,电连接线采用与图中图形符号相同的细实线;必要时应将电源电路和主信号电路的连接线用粗实线表示,用开口箭头表示电信号的流向。

② 非电过程流程的连接应采用明显的粗实线,非电信号流向及过程流向应采用实心箭头表示。

③ 机械连接线采用虚线的形式。

④ 连接线上可以标注信号名称、波形、频率、去向等标记。

4. 项目代号的标注

在概略图中,各个框都应标注项目代号,在较高层次的概略图中标注高层代号,在较低层次的概略图中标注种类代号,如图 3-8 所示。由于概略图不具体表示项目的实际连接线和安装位置,一般不标注端子代号和位置代号。如果某一功能采用计算机及其程序实现时,则应在概略图相关图框中标注一个六角形。

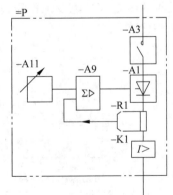

图 3-8   概略图中项目代号的标注

知识回顾

（1）什么是概略图？概略图的主要作用有哪些？

（2）简述概略图的基本特点。

（3）概略图是如何布局的？

（4）概略图中的"框"有哪几种？各有什么特点？

（5）概略图中项目代号的标注有什么特点？

能力夯实

（1）数字式电压表电路框图如图3-9所示，试根据该概略图，简述数字式电压表的工作过程。

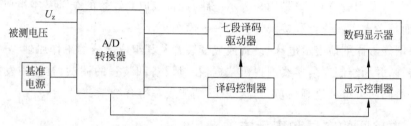

图 3-9　数字式电压表电路框图

（2）电动机正反转控制线路如图3-10所示，试画出该控制电路主电路的概略图。

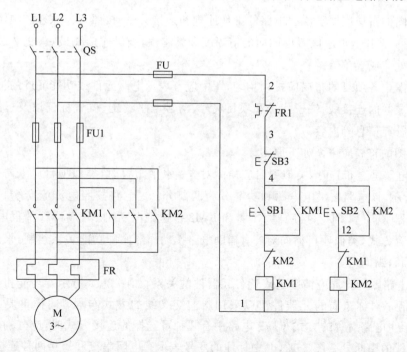

图 3-10　电动机正反转控制线路

3.2 电 路 图

了解电路图的布图规则；理解电路图的概念及用途；掌握电源的表示方法、电路图的简化方法及项目代号的标注；能够进行电路图的化简。

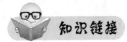

电路图也称为原理图或电气原理图，采用文字符号和图形符号绘制，并按工作顺序（从上到下、从左到右）排列。是用来表示电路、设备或成套装置的全部基本组成部分及连接关系，而不考虑实际位置和接线方式的一种简图。

电路图能够详细地表示电路、设备或成套装置及其组成部分的工作原理、分析和计算电路的特性，并为绘制安装接线图提供依据，在对设备和装置的调试、维修中发挥着重要的作用。电路图可单独绘制，也可与接线图、功能表等组合绘制。

一、电路图的布局和表示方法

1. 电路图的布局

电路图的布局应便于说明电路的工作原理和连接关系，按照工作原理的顺序，上下左右进行排列；同时，也应该考虑图面的清晰度和紧凑性，确保连接线最短、交叉最少、相交处与弯折处应成直角等。

电路图中各项目的布局应排列均匀，图中应有表示电路元件或功能元件的符号、元件或功能件之间的连接线、端子代号和项目代号、信号电平约定、位置标记以及了解功能件所必需的补充信息等内容。

电路图的布局应遵循如下原则。

（1）电路垂直布置时，类似项目应横向对齐；水平布置时，类似项目应纵向对齐。如图 3-11 所示，该电路按供电电源和功能分为两部分：主电路按照电流流向绘制，即电流经过熔断器 FU1 和 FU2、接触器 KM1 和 KM2 传送到电动机 M1 和 M2 的供电关系，采用垂直布置方式，类似项目横向对齐；辅助电路按动作顺序即功能关系绘制，采用水平布置，类似项目纵向对齐。

（2）电路图的布局应清晰地表达各元器件的关系，如图 3-12 所示。功能相关的项目应靠近绘制；对称布局的元器件可以采用斜向交叉线的方式布局；同样重要的并联通路，应按照主电路对称的方式布局；电路中有几种可选择的连接方式时，应分别用序号标注在连接线的中断处。图 3-12(d)中标注的序号表示有电阻串接和短接两种连接法。

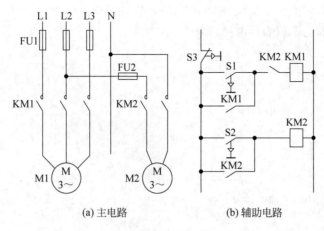

(a) 主电路　　　　　(b) 辅助电路

图 3-11　两台电动机互锁电路图

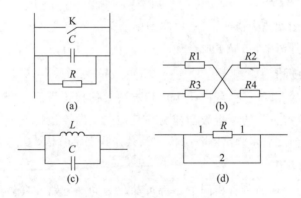

图 3-12　电路中几种连接法

2. 电源的表示方法

电路图中,电源的表示方法分为以下几种情况。

(1) 用线条表示,如图 3-13 所示。

(2) 用图形符号表示,如图 3-14 所示。

(3) 用"＋""－""L""N"等符号表示电源。

(4) 连接到方框符号的电源线一般与信号流向成直角绘制,如图 3-15 所示。

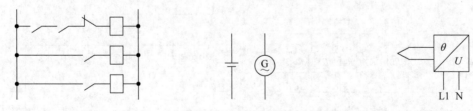

图 3-13　用线条表示电源　　　图 3-14　用图形符号表示电源　　　图 3-15　连接到方框的电源线

(5) 所有电源线都应集中绘制在电路的上部或下部;多相电源按相序从上到下或从左到右排列;中性线应绘制在相线的下方或左方。

（6）在电路图中同时使用线条和符号表示电源，如图 3-16 所示。

（7）用电压和电位值表示电源，如图 3-17 所示。

图 3-16　用线条和符号表示电源

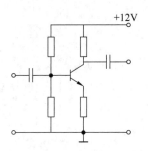

图 3-17　用电位值表示电源

二、电路的简化

在不破坏电路图功能的情况下，对电路图中的某个单元或某个分支进行相应的简化，能使电路图表达更加清晰，布局更加合理。

1. 并联电路的简化

多个相同支路的并联电路，可简化为用标有公共连接符号的一个支路，如图 3-18 所示。简化时，公共连接符号的弯折方向应与简化前的支路连接情况相符；对应的图形符号旁应标注出因被简化而未画出的各项代号及其并联支路的总数。

2. 相同电路的简化

电路图中，重复出现的所有相同电路都可简化为同一电路。具体方法为：当相同电路重复出现时，除详细地表示出其中的一个电路外，其余的电路可用适当的无须完全一致的围框及说明来代替，如图 3-19 所示。图中，双点画线围框内标注"电路与上面相同（元器件标记在括号内）"，以此说明简化的电路。

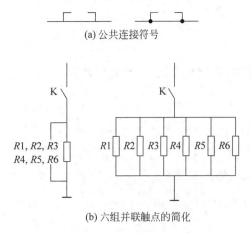

（a）公共连接符号

（b）六组并联触点的简化

图 3-18　相同并联支路的简化

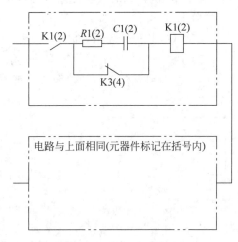

图 3-19　相同电路的简化

3. 功能单元的简化

根据图的种类和表达需要,用方框符号或带注释的框的方式,同样可以对具有某种特定功能的单元电路进行简化。

三、项目代号的标注

电路图中必须标注项目代号中的种类代号;高层代号和位置代号可以采用总说明的形式表示;端子代号是否标注应根据实际需要而定;前缀符号一般可以省略。

知识回顾

(1) 什么是电路图?电路图有哪些作用?

(2) 电路图是如何布局的?

(3) 电路图中电源有哪几种表示方法?举例说明。

(4) 哪些电路可以进行简化?简述简化的方式。

(5) 电路图中的项目代号如何标注?

能力夯实

简化如图 3-20 所示的电路图。

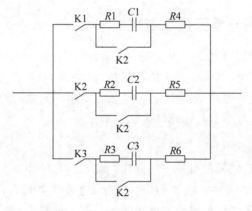

图 3-20 电路图

3.3 接线图和接线表

学习要点

了解接线图的布图规律;了解视图的选择和多层项目视图的表示方法;理解单元接

线图和互连接线图的概念；掌握单元接线图和互连接线图的特点及它们同接线表之间的关系；掌握电缆配置图的特点以及它与电缆配置表之间的关系；能够完成接线图和接线表之间的转换。

为便于安装与维修，在电气工程施工中，操作人员除了需要了解电气系统、设备的概况与电气原理或过程外，还需要了解整个系统中的各个元器件、设备或装置的内部和外部连接关系，这就需要绘制接线图。接线图是指用于表示电气设备、元器件或装置等项目之间的连接关系，方便进行安装接线、线路检查、线路维护或故障检修的简图。这些项目之间的关系如果采用表格的形式表示出来，就是接线表。

接线图和接线表是表示相同内容的两种不同形式，二者功能相同，可以单独使用，也可以组合起来使用；并常以接线图为主，接线表作为接线图的补充。施工中，接线图应和电路图、平面图结合使用，这样安装时才可以确保接线无误，维修时也能很快找到故障点。

接线图是接线类图的总称。根据连接的对象不同，可分为单元接线图、互连接线图、端子接线图和电缆图。接线图虽然能够表示电气元件的安装地点和实际尺寸、位置和配线方式等，但不能直观地表示出电路的工作原理和电气元件间的控制关系，因此接线图与电路图是相辅相成、紧密相连的。

一、单元接线图与单元接线表

单元接线图或单元接线表主要用来表示成套设备或设备中的某一结构单元内部各元件之间的连接情况。其中，结构单元是指电动机、接触器、继电器等可以独立运行的组件或某种组合体。单元接线图或单元接线表中，虽不提供单元之间的外部连接的有关信息，但可以给出相应互连接线图和互连接线表所在的图号。

1. 布图与连接线

单元接线图内，导线应采用编号进行标注，如图 3-21 所示。各个项目的位置确定后，单元接线图应按照项目的相对位置进行布置，且没有接线关系的项目可以省略。项目间的连接线可采用多线、多线汇聚成线束以单线表示等多种表示方式。图 3-21(a)为用连续线的表示法；图 3-21(b)为用导线束的表示法；图 3-21(c)为用中断线的表示法。导线组、电缆以及缆形线束连接线可采用加粗线条表示，而在不引起误解的前提下，也可部分加粗并以单线表示。

2. 视图的选择

根据国家标准 GB 6988.5—1986《电气制图 接线图和接线表》的规定，单元接线图的视图应选择最能清晰地表示出各个项目的端子和布线的视图。当一个视图不能清楚地表示多面布线时，可采用多个视图，并将各布线图摊平到一个平面上绘制，确保单元内连接情况表示得更充分、更清楚。

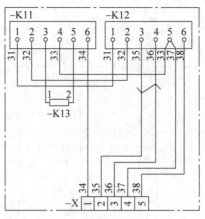

(a) 连接线表示法

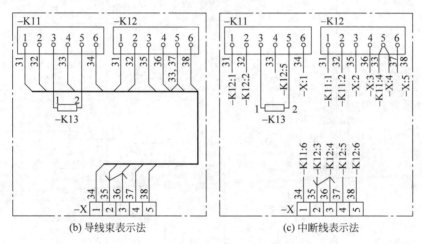

(b) 导线束表示法　　　　　　　　(c) 中断线表示法

图 3-21　单元接线图

　　按某仪表箱面板的背面(接线面)为视图方向绘制的多面布线单元接线图如图 3-22 所示,图中,仪表箱的上顶板、下底板及左、右面两侧板与面板绘制在同一个平面内。视图将全部项目的元器件和端子的相对位置全部表达清楚,并标注了种类代号和端子代号;连接线采用带编号的连续线,用一个供汇聚和分叉各端子引线的环形线束将面板和左侧面的四周互连成一个整体,大部分连接线(除少量导线直连及较小项目的引线)均通过环形线束进行连接。

3. 多层项目的视图表示

　　在一个接线面上,当无法表达彼此叠成几层放置的项目的全部端子和布线情况时,可将重叠项目翻转或移动后再绘制出视图并加注说明,如图 3-23 所示。

　　当项目具有多层端子时,可利用延长被遮盖接点的方法,表示各层接线之间的关系,如图 3-24 所示。图中,Ⅰ层 1～8 号端子是下层接线端子,Ⅱ层 1～8 号端子是上层接线端子,将图中下层的接线端子延长并绘制出来,即可将端子的引线汇聚到一线束,进而清楚地表示连接情况。

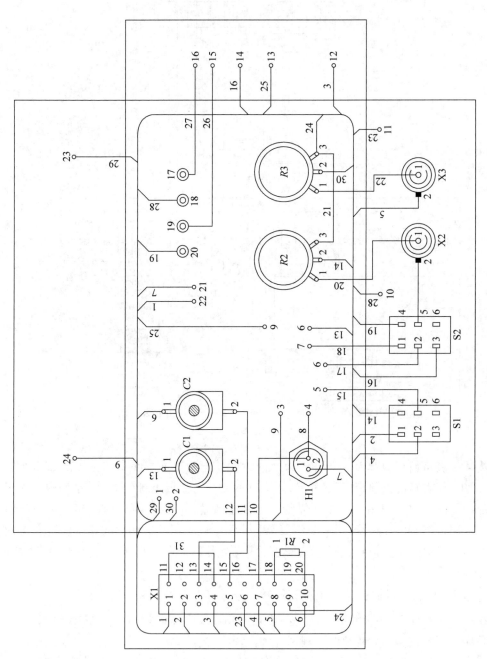

图 3-22 多面布线的单元接线图

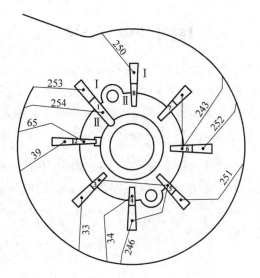

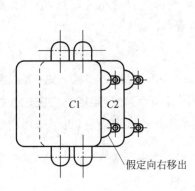

图 3-23　移动被遮端子　　　　　　图 3-24　延长端子的画法

4. 单元接线表

单元接线表是把接线图所表达的内容用表格的形式表示出来,包括线号、线缆号、导线的型号、长度、规格、连接点号、所属项目的代号和其他说明等相关内容。图 3-21 所示的单元接线图对应的单元接线表见表 3-1。表中共有 10 根连接线,其中项目 $-$K11 与项目 $-$K13 之间的两根连接线很短,所以没有编号,其他的 8 根连接线按顺序进行编号,从 31 到 38。项目 $-$K12 的第五个端子同时连接 33 和 37 的连接线。线号为 33 的连接线的参考栏内标注的数字"37",其含义可参考线号为 37 的连接线。接线表的附注栏主要表示连接线的其他信息,例如"短接线""屏蔽""屏蔽接地""绞合线"等。

表 3-1　单元接线表

线缆号	线号	线缆型号及规格	连接点 I			连接点 II			附注
			项目代号	端子号	参考	项目代号	端子号	参考	
—	31	—	$-$K11	1		$-$K12	1		绞合线
	32		$-$K11	2	37	$-$K12	2		
	33		$-$K11	4		$-$K12	5		
	34		$-$K11	6		$-$X	1		
	35		$-$K12	3		$-$X	2		
	36		$-$K12	4	33	$-$X	3	—	
	37		$-$K12	5		$-$X	4		
	38		$-$K12	6		$-$X	5		
	—		$-$K11	3		$-$K13	1		
	—		$-$K11	5		$-$K13	2		

二、互连接线图和互连接线表

互连接线图和互连接线表主要用来表示成套设备或装置内两个或两个以上单元之间的连接关系。互连接线图和互连接线表内虽不提供单元内部连接的相关信息,但可提供适当的与之有关的电路图或单元接线图的图号,方便检索标记。

1. 布图与连接线

互连接线图中的各单元用点画线围框表示,不强调单元间的相对位置,总体布线简单。无论采用单线表示法还是多线表示法,互连接线图中各单元间的连接线均应加注线缆号和电缆规格,如图 3-25 所示。同时,单线表示法既可采用连续线表示,也可采用中断线表示。

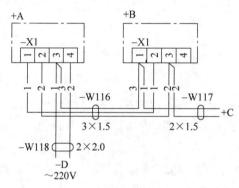

(a) 多线表示法

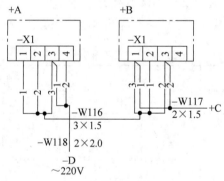

(b) 单线表示法

图 3-25　互连接线图

2. 互连接线表

与互连接线图对应的互连接线表中,应包括线缆号、线号、线缆的型号和规格、连接点号、项目代号、端子号及其说明等信息。图 3-25 所示的互连接线图对应的互连接线表见表 3-2,其内容与单元接线表的内容相同。

表 3-2 互连接线表

线缆号	线号	线缆型号及规格	连接点 I			连接点 II			附注
			项目代号	端子号	参考	项目代号	端子号	参考	
W116	1		+A−X1	1		+B−X1	2		
	2		+A−X1	2		+B−X1	3	−W117.2	
	3		+A−X1	3	−W118.1	+B−X1	1	−W117.1	
W117	1		+B−X1	1	−W116.3	+C			
	2		+B−X1	3	−W116.2	+C			
W118	1		+A−X1	3	−W116.3	−D			
	2		+A−X1	4		−D			

三、端子接线图和端子接线表

端子接线图和端子接线表是用来表示单元和设备的端子及其与外部导线的连接关系的图和表。端子接线图和端子接线表内虽不包括单元或设备的内部连接,但可提供与之相关的图号。

端子接线表可以和电气接线图组合在一起绘制,如图 3-26 所示。图中,端子接线板 X 的 2、3 两个接线端通过 31 和 32 号线与热继电器相连;4、6、7 号接线端通过 21 和 22 号线与接触器相连。

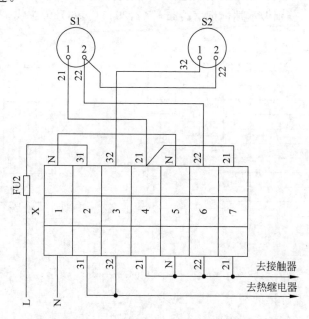

图 3-26 端子接线表和电气接线图的组合

实际应用中,端子接线表也可以单独绘制。以端子为主的端子接线表见表 3-3。端子接线图的视图应与接线面的视图一致,视图中各端子应基本按其相对位置表示。

表 3-3　以端子为主的端子接线表

项目代号	端子代号	电缆号	芯线号
-X1	:11	-W136	1
	:12	-W137	1
	:13	-W137	5
	:14	-W137	3
	:15	-W136	4
	:16	-W137	2
	:PE	-W136	PE
	:PE	-W137	PE
	备用	-W137	6

通常情况下,端子接线标记分为本端标记和远端标记两种。在端子接线图中,电缆末端应标注电缆号、每根缆芯号和端子标记。

带有本端标记的端子接线图如图 3-27 所示,图中,已连接和未连接的备用端子均有"备用"字样;与端子不相连的缆芯用缆芯号表示;"PE"表示接地线。137 号线缆有 7 根芯线,其中一根芯线为接地线,标有"PE"。A 柜 X1 端子板的 16 号端子和 20 号端子为备用端子,但 16 号端子与 137 号线缆的 5 号缆芯线相连,标有 X1:16;12~16 号端子为已用端子,分别与 137 号线缆的 1~5 号缆芯线相连,分别标有本端标记 X1:12~X1:16。B 柜 X2 端子板的 25 号和 30 号端子未连接,标注"备用";26~29 号端子与 137 号线缆的 1~4 号缆芯线相连,分别做本端标记 X2:26~X2:29,5 号、6 号缆芯线未连接,作为备用。

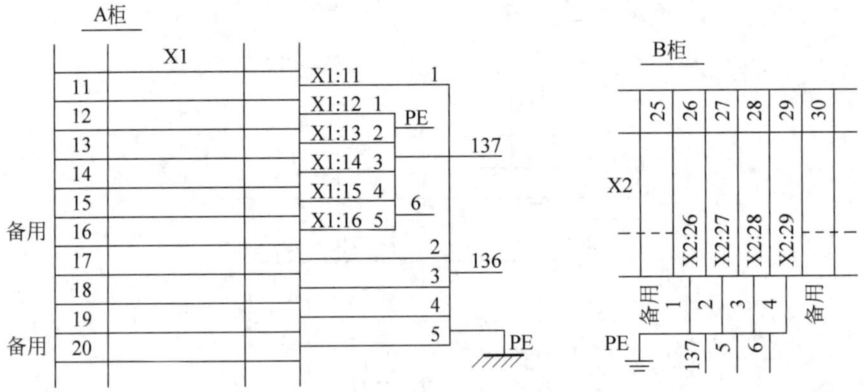

图 3-27　带有本端标记的端子接线图

端子接线表一般包括线缆号、线号、端子代号等内容。端子接线表内,电缆应按单元集中填写。带有本端标记的端子接线表见表 3-4。

带有远端标记的端子接线图如图 3-28 所示,图中,137 号线缆的 6 号缆芯线与 A 柜、B 柜端子均未连接,为备用线缆,没有做远端标记;5 号缆芯线虽为备用芯线,但因与 A 柜 X1 端子板的 16 号端子相连,所以在 B 柜上做远端标记 X1:15,因未与 B 柜端子相连,所以在 A 柜上没有标注。带有远端标记的端子接线表见表 3-5。

表 3-4　带有本端标记的端子接线表

A　　柜			B　　柜		
137		A	137		B
	PE	接地线		PE	接地线
	1	X1:11		1	X2:27
	2	X1:12		2	X2:28
	3	X1:13		3	X2:29
	4	X1:14		4	X2:26
	5	X1:15	备用	5	
备用	6	X1:16	备用	6	

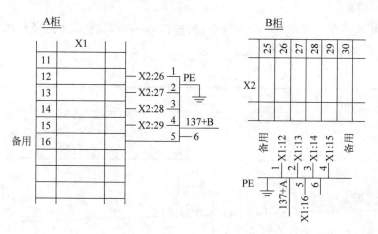

图 3-28　带有远端标记的端子接线图

表 3-5　带有远端标记的端子接线表

A　　柜			B　　柜		
137		B	137		A
	PE	接地线		PE	接地线
	1	X2:26		1	X1:12
	2	X2:27		2	X1:13
	3	X2:28		3	X1:14
	4	X2:29		4	X1:15
备用	5	—	备用	5	X1:16
备用	6	—	备用	6	—

四、电缆配置图和电缆配置表

电缆配置图或电缆配置表主要用来表示各单元之间的外部电缆敷设信息,也可用来表示线缆的路径情况,是计划敷设电缆工程的基本依据。专门用于电缆安装使用时,除电缆配置图和电缆配置表外,还需给出安装用的其他有关资料和由端子接线图提供的导线详细资料。

1. 电缆配置图

电缆配置图只表示电缆的配置情况，而不表示电缆两端的连接情况，如图 3-29 所示。图中，标注了位置代号为＋A、＋B 和＋C 以及没有画出符号的＋D 之间的电缆配置情况，各单元的围框用实线表示；207、208 和 209 为三根聚氯乙烯绝缘电缆，207 用于＋A 和＋B 间的连接，208 用于＋B 和＋C 间的连接，209 用于＋A 和＋D 间的连接。

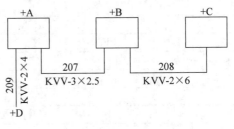

图 3-29　电缆配置图

2. 电缆配置表

电缆配置表一般包括电缆号、电缆类型、连接点的项目（位置）代号及其他说明等内容。与图 3-29 对应的电缆配置表见表 3-6。

表 3-6　电缆配置表

电缆号	电缆型号	连　接　点		附　　注
207	KVV-3×2.5	＋A	＋B	
208	KVV-2×6	＋B	＋C	
209	KVV-2×4	＋C	＋D	

　知识回顾

（1）接线图与接线表各有什么用途？

（2）根据连接对象的不同，接线图和接线表有哪些种类？

（3）什么是互连接线图？它的布局和连线有什么特点？

（4）端子接线图有什么特点？

　能力夯实

（1）根据导线编号和符号标记，补全图 3-30 所示某项目单元接线图的接线。

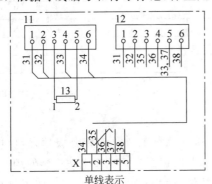

单线表示

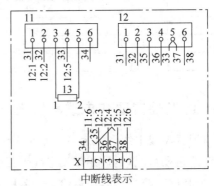

中断线表示

图 3-30　某项目单元接线图

（2）根据上题的单元接线图补全单元接线表 3-7。

表 3-7　单元接线表

线缆号	线号	线缆型号及规格	连接点Ⅰ			连接点Ⅱ			附注
			项目代号	端子号	参考	项目代号	端子号	参考	
	31		11	1		12	1		
	32								
	33								
	34								
	35								T1
	36								T1
	37				33				
	38								
	—		11	3		13	1		
	—		11	5		13	2		

3.4　逻　辑　图

学习要点

　　了解逻辑图的特点及布图原则；理解逻辑图的概念和用途；理解逻辑状态及逻辑约定的含义；掌握二进制逻辑单元图形符号的组成和表示方法；掌握逻辑图中的时序图和真值表；能够识读并分析逻辑图，绘制表示逻辑关系的真值表。

知识链接

　　在自动控制、信息处理以及信号分析技术高度发展的今天，数字技术得到了越来越广泛的应用。了解数字装置的逻辑功能以及制作相应的数字设备，都需要以逻辑图为起点，逻辑图正逐步成为数字电子工业当中最重要的设计文件，也是编制接线图、绘制印制板图等文件和测试、维修的依据。

　　逻辑图即二进制逻辑电路图，是由二进制逻辑元件图形符号按逻辑功能要求用连接线相互连接而成的电路图，由逻辑单元的图形符号、信号名及连接线标记三个元素构成，分为理论逻辑图和功能逻辑图两大类。其中，理论逻辑图只表示功能而不涉及实现的方法，相当于功能图；工程逻辑图不仅表示功能，而且有具体的实现方法，相当于电路图。

一、二进制逻辑单元的图形符号

1. 二进制逻辑单元图形符号的组成

二进制逻辑单元的图形符号由框和限定符号组成。其中,框或框的组合表示二进制逻辑元件,限定符号说明逻辑功能。绘制时,必须附加输入线和输出线,虽然输入、输出线并不是逻辑单元的基本组成部分。

二进制逻辑元件图符号的组成如图 3-31 所示,图中,"＊＊"表示在框内总限定符号的最佳位置,总限定符号用来说明逻辑单元执行的逻辑功能;"＊"表示与输入和输出有关的限定符号的放置位置。例如,三输入的"或"门逻辑单元的图形符号,应由方框、表示"或"功能的总限定符号"≥"以及不属于图形符号组成部分的三条输入线和一条输出线及标记组成,如图 3-32 所示。

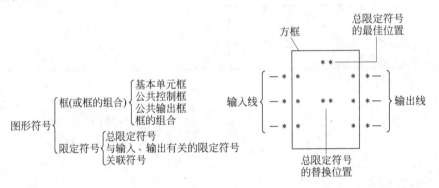

图 3-31　二进制逻辑元件图符号的组成

2. 逻辑单元的图形符号

（1）方框

① 基本框。方框分为单元框、公共控制框和公共输出元件框三种,如图 3-33 所示。单元框是二进制逻辑元件的基本框,用以表示元件的组成部分;公共控制框用以表示元件阵列的公共部分,其上应标注阵列的公共输入、输出;公共输出元件框用以表示公共单元的输出。

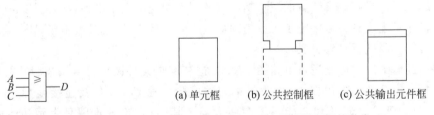

图 3-32　"或"门逻辑单元的图形符号　　　　图 3-33　逻辑图方框的种类

② 框与框的组合。实际应用中,为了达到缩小图形幅面的目的,可以对相连的单元框进行组合。框与框的组合应遵循两个原则,即若相结合的两个框之间的公共线与信息

流方向相同,则这两个单元之间无逻辑关系；若两个组合单元的公共线与信息线流动方
向垂直,则这两个单元之间至少有一种逻辑关系。

　　相连单元框可采用的组合画法有邻接法和镶嵌法,如图 3-34 所示。其中,图 3-34(a)
表示各单元框公共框沿着信息流方向时的无逻辑连接；图 3-34(b)表示通过简化将公共
控制线 a 输入到公共控制区；图 3-34(c)表示应用于两个单元框公共线垂直于信息流方
向时仅有的一种逻辑连接；图 3-34(d)为邻接法和镶嵌法组合实例。

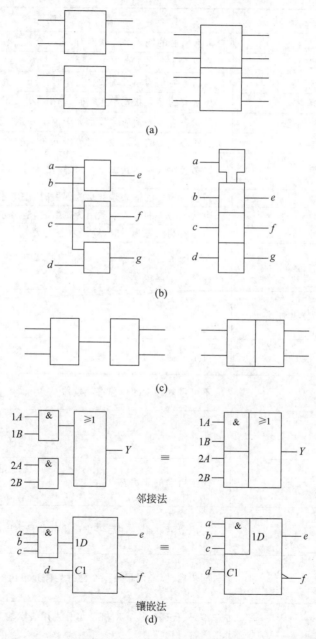

图 3-34　框与框的组合

（2）限定符号

二进制逻辑单元图形符号中的限定符号分为总限定符号和与输入、输出有关的限定符号两大类。

① 总限定符号。总限定符号是用来规定逻辑元件所完成的逻辑功能的符号，通过总限定符号可以明确元件框的总的逻辑功能。常用的逻辑元件总限定符号见表 3-8。

表 3-8　常用的逻辑元件总限定符号

符　号	逻辑功能	说　明
&	与逻辑	只有所有的输入为 1 状态时，输出才是 1 状态
$\geqslant 1$	或逻辑	只要有 1 个或 1 个以上的输入状态为 1，输出就是 1 状态
$=1$	异或逻辑	当状态为 1 的输入端数目为 1 时，输出才是 1 状态
$=$	恒等逻辑	当所有的输入状态都相等时，输出才是 1 状态
$\geqslant m$	逻辑门槛	当状态为 1 的输入端数目大于等于 m 时，输出才是 1 状态
$=m$	等于 m	当状态为 1 的输入端数目等于 m 时，输出才是 1 状态
$\geqslant \dfrac{n}{2}$	多数	当多数输入端的状态为 1 时，输出才是 1 状态
$2k$	偶数	当状态为 1 的输入端数目为偶数时，输出才是 1 状态
$2k+1$	奇数	当状态为 1 的输入端数目为奇数时，输出才是 1 状态
1	缓冲	当输入端状态为 1 时，输出才是 1 状态
*⊓	具有磁滞特性	在总限定符"＊"限定的逻辑功能之外，具有磁滞特性，即输入具有双门槛特性
▷	放大/驱动	
⊓		可重复触发的单稳态触发器
1⊓		不可重复触发的单稳态触发器
G⊓⊓		非稳态电路
|G⊓⊓		同步启动的非稳态电路
G|⊓⊓		完成最后一个脉冲后停止输出的非稳态电路
|G|⊓⊓		同步启动，完成最后一个脉冲后停止输出的非稳态电路
X/Y		编码、代码转换。X 和 Y 可分别用表示输入输出信息代码的适当符号代替

续表

符 号	逻辑功能	说 明
Σ		加法运算
Π		乘法运算
P-Q		减法运算
COMP		数值比较
CPG		超前进位
ALU		算术逻辑单元
DUX		多路选择
DX		多路分配
SRGm		m 位的移位寄存
CTRm		循环长度为 2^m 的计数
CTRDIVm		循环长度为 m 的计数
ROM **	只读存储器	** 用存储器的"字数×位数"代替
PROM	可编程只读存储器	** 用存储器的"字数×位数"代替
RAM **	随机存储器	** 用存储器的"字数×位数"代替
TTL/CMOS		由 TTL 到 CMOS 的电平转换
ECL/TTL		由 ECL 到 TTL 的电平转换
$I=1$		触发器的初始状态为 1
$I=0$		触发器的初始状态为 0

② 与输入、输出有关的限定符号。与输入、输出有关的限定符号可表示相应的输入、输出的逻辑功能或物理特性,分为表示输入、输出端框内外逻辑状态(电平)关系的限定符号和内部连接处的逻辑状态之间关系的限定符号。常用输入、输出端逻辑限定符号见表 3-9。

表 3-9 常用输入、输出端逻辑限定符号

符 号 表 示	说 明		
	输入端的逻辑非,外部逻辑状态为 0 时,内部逻辑状态为 1		
	输出端的逻辑非,内部逻辑状态为 1 时,外部逻辑状态为 0		
	输入端的极性指示符,外部逻辑 L 时,电平产生内部逻辑状态为 1		
	输出端的极性指示符,外部逻辑状态为 1 时,产生外部逻辑状态为 L 电平		
	正逻辑时	负逻辑时	极性指示符时
	$\underset{0}{\overset{1}{\rule{0pt}{0pt}}}$ ⌐ =内部逻辑状态 1	$\underset{1}{\overset{0}{\rule{0pt}{0pt}}}$ ⌐ =内部逻辑状态 1	不用

续表

符 号 表 示	说　　明	
	不用	不用	$\overset{I}{}\underset{L}{}$ = 内部逻辑状态 1
	内部连接,左边单元输出端的内部逻辑状态为 1 时,右边单元输入端的内部逻辑状态为 1		
	具有逻辑非的内部连接,左边单元输出端的内部逻辑状态为 1 时,右边单元输入端的内部逻辑状态为 0		
	具有动态特性的内部连接,左边单元输出端的内部逻辑状态从 0 到 1 变化时,右边单元输入端的内部逻辑状态为 1		

③ 关联符号及关联标注法。关联符号是与输入、输出有关的限定符号,用来注明二进制逻辑元件的输入之间、输出之间或输入与输出之间的逻辑关系。关联双方常采用"影响的"和"受影响的"两个术语。主动的与被动的,分别称为"影响输入(或输出)"和"受影响输入(或输出)"。

实际应用中,在"影响"端标注关联符号,并在关联符号后也标注一个标识符号;相应地把同一个标识符号标注在"受影响"端。

④ 信息流向和指示符。二进制逻辑元件的信息流方向原则是:从左到右和自上至下。如果不能保持此规则以及信息流方向不明显时,需要在信息线上标注指示信息流方向的箭头,且箭头不应触及框线或任何限定符号。

(3) 二进制逻辑单元常用图形符号

常用的二进制逻辑单元的图形符号及说明见表 3-10。

表 3-10　常用的二进制逻辑单元的图形符号及说明

序号	名　　称	图形符号	说　　明
1	"或"单元	≥ 1	只有一个或一个以上的输入呈现"1"状态,输出才呈现其"1"状态(如果不会引起意义上的混淆,"≥ 1"可以用"1"代替)
2	"与"单元	&	只有所有输入呈现"1"状态,输出才呈现"1"状态
3	逻辑门单元	$\geq m$	只有呈现"1"状态输入的数目等于或大于限定符号中以 m 表示的数值,输出才呈现"1"状态
4	等于 m 单元	$= m$	只有呈现 1 状态输入的数目等于限定符号中以 m 表示的数值,输出才呈现"1"状态
5	多数单元	$> n/2$	只有多数输入呈现"1"状态,输出才呈现"1"状态

续表

序号	名 称	图形符号	说 明
6	逻辑恒等单元	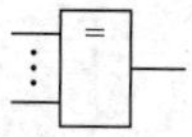	只有所有输入呈现相同的状态,输出才呈现"1"状态
7	奇数单元模 2 加单元	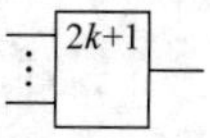	只有呈现"1"状态的输入数目为奇数(1,3,5 等),输出才呈现"1"状态
8	偶数单元	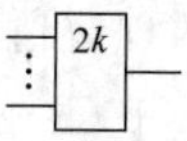	只有呈现"1"状态的输入数目为偶数(0、2、4 等),输出才呈现"1"状态
9	异或单元	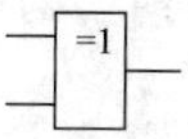	只有两个输入之一呈现"1"状态,输出才呈现"1"状态
10	输出无特殊放大的缓冲单元	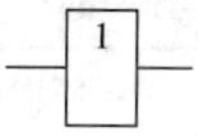	只有输入呈现"1"状态,输出才呈现"1"状态
11	非门反相器(用逻辑非符号表示)	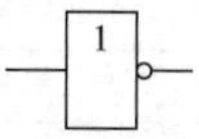	只有输入呈现外部"1"状态,输出才呈现外部"0"状态
12	反相器(用逻辑极性符号表示)	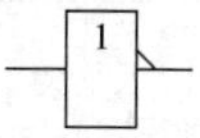	只有输入呈现"H"电平,输出才呈现"L"电平

二、逻辑图状态及其逻辑约定

1. 内部逻辑状态和外部逻辑状态

内部逻辑状态是指图形符号框内输入、输出端设想存在的逻辑状态;外部逻辑状态是指图形符号框外输入、输出端设想存在的逻辑状态,如图 3-35 所示。图中,"＊"是限定符号,a、b 是输入的外部逻辑状态,a'、b' 是输入的内部逻辑状态,c 是输出的外部逻辑状态,c' 是输出的内部逻辑状态。a 与 a'、b 与 b' 是否相同,取决于输入的限定符号;c 与 c' 是否相同,取决于输出的限定符号。

2. 逻辑电平

数字电路中的电平就是电位,它是表示逻辑状态的物理量。二进制逻辑电路中的两个逻辑状态分别是"0"状态和"1"状态。常用正且较大的值代表逻辑高电平,用符号"H"表示;用正且较小的值代表低电平,用符号"L"表示。

3. 逻辑约定

高电平是一种状态,低电平是与之对应的另一种状态。确定逻辑状态和逻辑电平之间的关系可采用单一逻辑约定。单一逻辑约定是指采用逻辑非符号的一种逻辑约定,表明逻辑状态与逻辑电平之间的对应关系是相同的。如图 3-36 所示,逻辑非符号出现在图形符号的输入,意味着图形符号两边的逻辑状态相反,即内部 1 状态对应外部 0 状态;内部 0 状态对应外部 1 状态。a 端为 1 时,则 a' 端为 0;a 端为 0 时,则 a' 端为 1。

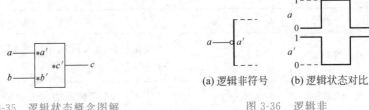

图 3-35　逻辑状态概念图解　　　　　　　图 3-36　逻辑非

单一逻辑约定分为正逻辑约定和负逻辑约定两种,可任意选择其中一种进行约定,因此采用逻辑非符号的逻辑约定又称单一逻辑约定。在正逻辑约定中,高电平(H)与逻辑1 状态对应,低电平(L)与逻辑 0 状态对应;负逻辑约定则与之相反。不同逻辑状态在不同的逻辑约定下的逻辑电平见表 3-11。

表 3-11　逻辑状态与逻辑电平的关系

逻辑状态			逻辑电平					
			正逻辑约定			负逻辑约定		
a	b	c	a	b	c	a	b	c
0	0	0	L	L	L	H	H	H
0	1	0	L	H	L	H	L	H
1	0	0	H	L	L	L	H	H
1	1	1	H	H	H	L	L	L

三、逻辑图的特点

1. 逻辑图的布图

合理的布图有助于对逻辑图的理解,应使信息的基本流向从左到右、自上而下。图形符号的方位不能任意改变,一般输入线在左侧,输出线在右侧。输入线和输出线与图形符号的框线应相互呈垂直状态,且分别位于图形符号相对的两侧。

2. 连接线及其标记

(1) 逻辑图上的连接线

逻辑图上各单元之间的连接线及单元的输入、输出线称为信号线。如果有信息流向不明显的地方,应在信号线上加箭头标记。

当一个信号输出给多个单元时,可以采用单根直线,通过适当标记以 T 形连接到各个单元。每个逻辑单元都以最能描述该单元在系统中实际执行的逻辑功能的符号来表示,如图 3-37 所示。图中,"GRES"信号输出给两个单元,并采用了T 形连接的形式。

(2) 连接线的标记

为加深对逻辑图的理解,各单元之间的连接线

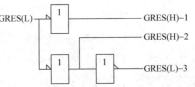

图 3-37　输入线的 T 形连接

以及单元的输入、输出线,都应标注信号名称。信号名应具有一定的意义且含义明确,信号名的长度应限制在允许范围内。不同的信号线无论其功能多么相似,都不应使用同一名称。信号名称一般采用助记符,常用的信号名称助记符见表3-12。

表 3-12　常用的信号名称助记符

符　号	说　明	英文说明	符　号	说　明	英文说明
ACC	接收	ACCEPT	INT	中断	INTERRUPT
ADR	地址	ADDRESS	I/O	输入/输出	INPUT/OUTPUT
ALU	运算器	ARITHMETIC LOGIC UNIT	L	左	LEFT
BIN	二进制	BINARY	LOC	定位,单元	LOCATION
BUS	总线	BUS	MEM	存储器	MEMORY
CLK	时钟	CLOCK	MOT	电动机	MOTOR
CP	时钟脉冲	CLOCK PULSE	NEG	负的,否定	NEGATION
CT	计数	COUNT	NO	非	NO
CT	接触,触点	CONTACT	NOR	或非	NEGATE OR
D	数据	DATA	OP	操作	OPERATION
DACC	数据接收	DATA ACCEPTED	OPER	可操作	OPERABLE
DEC	十进制	DECIMAL	PON	电源接通	POWER ON
DIN	数据输入	DATA IN	PS	程序状态	PROGRAM STATUS
DOUT	数据输出	DATA OUT	PU	上拉	PULL-UP
EN	使能	ENABLE	R	右	RIGHT
END	终止	END	RD	读	READ
EO	基本操作	ELEMENTARY OPERATION	RE	重复	REPEAT
ERR	错误	ERROR	RES	复位	RESET
ERS	擦除	ERASE	RUN	运行	RUN
EXOR	异或	EXCLUSIVE OR	SEL	选择	SELECT
FNC	功能	FUNCTION	START	启动	START
FSEL	功能选择	FUNCTION SELECT	STOP	停止	STOP
G	门	GATE	STR	选通	STROBE
GEN	产生,发生	GENERATE	SW	开关	SWITCH
GND	地,接地	GROUND	TP	定时脉冲	TIME PULSE
GRES	总复位	GENERAL RESET	U	向上	UP
HLD	保持	HOLDING	WC	写控制	WRITE CONTROL
ID	识别	IDENTIFICATION	WI	写入	WRITE IN
INH	禁止	INHIBIT	WR	写	WRITE

3. 非逻辑元件的连接

逻辑图中,常会用到如电容器、电阻器、指示灯、继电器、开关等一些非逻辑元件。这些元件控制逻辑单元时,应在元件的连接处标出电平、波形来表示它们的动作条件,其接线端子上不能出现逻辑非符号。

4. 时序图

能够反映时钟脉冲信号 CP、输入信号、输出信号之间的对应关系,即信号出现的顺序,以便于对设备的调试、维修和阐明电路的功能,除了使用逻辑图外,还应画出它们的工作波形图,即时序图。同一逻辑关系,既可采用逻辑图表达,也可采用时序图表达,如图 3-38 所示。

5. 真值表

真值表是指表征逻辑事件输入和输出之间全部可能状态的表格。它是逻辑图的重要补充,可以更充分地表达逻辑图的功能,如图 3-39 所示。

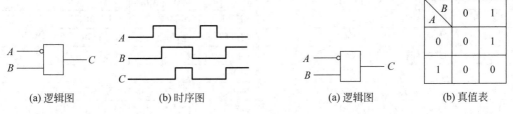

图 3-38　同一逻辑关系的逻辑图和时序图　　　　　图 3-39　逻辑图与真值表

 **知识回顾**

(1) 简述二进制逻辑单元图形符号的组成。

(2) 方框的种类有哪几种?请用图形表示出来。

(3) 简述框与框的组合原则。

(4) 什么是内部逻辑?什么是外部逻辑?

(5) 什么是逻辑电平?如何表示逻辑高电平和逻辑低电平?

(6) 什么是逻辑约定?什么是正逻辑约定?什么是负逻辑约定?

 **能力夯实**

分析如图 3-40 所示的逻辑图,说明逻辑单元①、逻辑单元②和逻辑单元③的逻辑关系,并画出真值表。

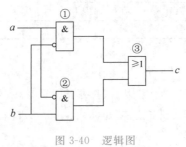

图 3-40　逻辑图

3.5 功能表图

了解控制系统的组成及划分；理解功能表图的概念、用途；掌握功能表图的组成；掌握功能表图中常用的图形符号及其表示方法；能够识读功能表图描述的控制系统工作情况。

功能表图是指用规定的图形符号和文字叙述相结合的方法，描述控制系统的控制过程、作用和状态的一种表图，它既可指一个电气控制系统，也可指非电的控制系统。功能表图在描述所用零部件的技术性能时，不用考虑具体的工艺过程，可为进一步设计和不同专业人员之间的技术交流提供依据。

一、控制系统的组成及划分

通常情况下，控制系统由被控系统和施控系统两部分组成，二者相互依赖。其中，被控系统包括执行实际过程的操作设备；施控系统包括接收来自操作者、被控过程的信息以及向被控系统发出命令的设备。

控制系统的划分如图 3-41 所示。由图 3-41 可知，整个控制系统可以绘制成控制系统的功能表图、施控系统功能表图和被控系统功能表图。

1. 控制系统功能表图

整个控制系统功能表图的输入，由操作者或前级施控系统发出的命令以及输入过程流程的参数组成，其输出包括送往操作者或前级施控系统的反馈信号以及在过程流程上执行的动作。

2. 施控系统功能表图

施控系统功能表图的输入，由操作者或可能存在的前级施控系统发出的命令以及被控系统的反馈信号组成，输出包括送往操作者或前级施控系统的反馈信号以及向被控系统发出的命令。施控系统功能表图描述了控制设备的功能，表明它将得到的信息以及发出的命令和信息。

3. 被控系统功能表图

被控系统功能表图的输入，由施控系统发出的命令和输入过程流程的变化参数组成，输出包括送往施控系统的反馈信号以及在过程流程上执行的使之具有其他特性的动作。被控系统功能表图描述了操作设备的功能，表明它接收的命令及产生的动作和信息。

机加工控制系统的划分如图 3-42 所示。

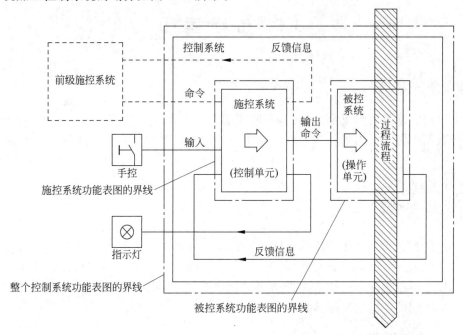

图 3-41   控制系统的划分

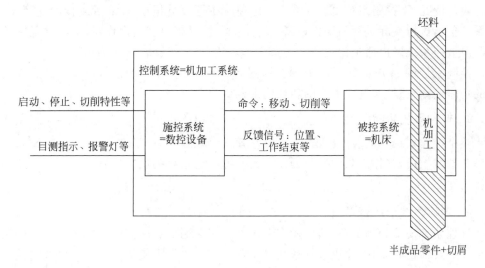

图 3-42   机加工控制系统的划分

二、功能表图

功能表图把控制系统的控制过程循环分解为若干个清晰连续的"步","步"与"步"之间利用转换进行分隔,相邻两"步"之间的转换条件信号出现时,才能进入下一"步",同时也标志着这一"步"的结束(即下一"步"的开始,意味着上一"步"动作的结束);当所有"步"结束时,整个控制过程的控制动作结束。功能表图具有直观、简单的特点。

1. 功能表图的组成

功能表图由初始步、步、有向连线、转换和动作或命令组成,如图 3-43 所示。

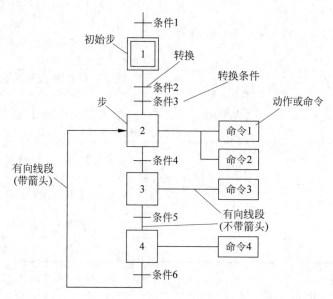

图 3-43 功能表图的组成

2. 功能表图中的图形符号

功能表图中常用的图形符号见表 3-13。

表 3-13 功能表图常用的图形符号

序号	名 称	图 形 符 号	说 明
1	步	▢*	步,一般符号,"＊"表示步的编号。 注:①矩形的长宽比是任意的,推荐采用正方形。②为了便于识别,步必须加标注,如用字母数字。一般符号上部中央的星号在具体步中应用规定的标号代替
		▢2	例:步 2
		▢3•	例:步 3,标明它是活动的
2	初始步	▣*	初始步,"＊"表示步的编号
		▣1	例:初始步 1

续表

序号	名　称	图形符号	说　明
3	命令或动作	＊ ─ 命令或动作	与步相连的公共命令或动作，一般符号。 注：矩形中的文字语句或符号语句规定了当相应的步活动时，由施控系统发出命令或由被控系统执行动作
4	转换	---- 连线　步到转换 ＊ ---- 连线　转换到步	带有有向连线及相关转换条件的转换符号。 注：星号"＊"必须用相关转换条件说明代替，例如用文字、布尔表达式或用图形符号
5	有向连线	│	有向连线，从上向下进展
		↑	有向连线，从下向上进展（应加箭头）
		──	有向连线，从左往右进展
		←	有向连线，从右往左进展（应加箭头）

三、功能表图示例

电动机控制系统功能表图如图 3-44 所示，图中，电动机未启动步为初始步；启动命令发出后，控制进入第 2 步，即电动机由停止转为启动过程开始；启动过程完毕信号出现时，控制进入第 3 步，即电动机由启动过程转为正常运转状态；直到停止命令信号出现，控制进入第 4 步，即电动机停止运转；停止过程完毕信号的出现，使控制回到初始步，电动机再次进入未启动状态，即完成整个电动机控制系统的控制。

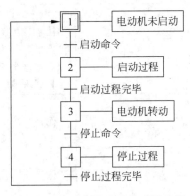

图 3-44　电动机控制系统功能表图

 知识回顾

（1）什么是功能表图？它由哪几部分组成？

（2）划分后的控制系统可由哪些功能表图来表示？

（3）功能表图中的图形符号有哪些？试画出这些图形符号。

　能力夯实

送料小车控制系统功能表图如图 3-45 所示，试描述该控制系统的工作情况。

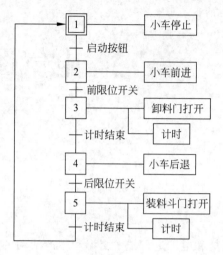

图 3-45　送料小车控制系统功能表图

单元 4

电气图识读分析

单元概述

电气图是电气技术人员和电工进行技术交流和生产活动的"语言",是电气技术中应用最广泛的技术资料,是设计、生产、维修不可缺少的内容。对电气图的识读和分析,不仅能够帮助人们了解电气设备的工作过程及工作原理,还有助于对这些设备进行更好地使用和维护,即在电气设备出现故障时,能够根据电气图迅速查明故障根源,及时进行维修。

能力目标

(1) 能够识读中等复杂程度的机床控制电路图;

(2) 能够识读常见的电子电路图;

(3) 能够识读供配电系统中的电气主接线图;

(4) 能够识读 PLC 控制系统电路图;

(5) 能够识读建筑照明平面图;

(6) 能够识读电梯控制电路图。

知识目标

(1) 了解 CA6410 型车床和 M7120 型平面磨床的主要构成及运动形式;

(2) 了解电子电路图的构成;

(3) 了解电力系统主要电气设备及其作用;

(4) 了解发电与配电的过程及发电厂电气主接线的形式;

(5) 了解 PLC 的定义、组成、工作原理及工作过程;

（6）了解建筑电气工程图的用途与特点及照明平面图的识读内容；

（7）了解电梯的组成结构、功能和基本工作原理；

（8）了解 PLC 控制电梯电路的原理；

（9）理解供配电系统中的电气主接线及二次接线；

（10）理解梯形图的组成及设计原则；

（11）理解建筑电气工程图制图规则；

（12）理解电梯电气元件及电气装置的种类、作用及特点；

（13）熟悉典型的电气控制单元电路；

（14）熟悉电子电路图的识读方法与技巧；

（15）掌握不同种类电气图的识读方法步骤；

（16）掌握电梯控制电路的识读方法。

4.1　机床控制电路图

了解 CA6410 型车床和 M7120 型平面磨床的主要构成及运动形式；熟悉典型的电气控制单元电路；掌握车床和磨床电气原理图的识读方法；能识读中等复杂程度的机床电气控制电路图。

企业常用的机床有车床、钻床、磨床、铣床及刨床等。普通机床要求运转电动机启动平稳、能可逆运转、能调速和制动,控制电路应具有短路保护、过载保护、联锁保护、行程控制保护、主轴点动调试等功能。因此,机械加工设备的控制线路都较为复杂,由各种控制元件和线路构成,可对电动机或生产机械的运行方式进行控制。机床电气控制电路图主要包括电路图和接线图。识读机床电气图时,应注意机床操纵元件和电气控制元件之间的关系、电动机和电气元件的联锁关系,并根据机床运动形式,分别对主电路和控制电路进行分析。

一、典型电气控制单元电路

常用的典型电气控制单元电路如图 4-1 所示。

二、车床 CA6140 电气控制电路图识读

车床是机械加工中应用最广泛的一种机床,可用来车削工件的内圆、外圆、端面、螺纹和螺杆,也可用来钻孔、铰孔和滚花。普通精密车床 CA6140 的电气控制电路识读步骤为图幅分区、主电路识读,控制电路识读以及照明灯和信号灯电路识读。

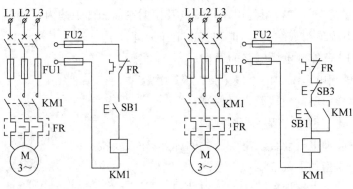

(a) 电动机点动控制电路　　　　(b) 电动机自锁控制电路

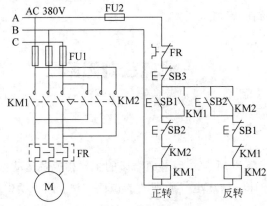

(c) 电动机联锁正反转控制电路

图 4-1　典型电气控制单元电路

1. CA6140 车床主要结构和运动形式

（1）主要结构

CA6410 车床由床身、主轴变速箱、主轴（主轴上带有用于夹持工件的卡盘）、挂轮箱、进给箱、溜板箱、溜板与刀架、尾架、丝杠和光杠等部件组成，外部结构如图 4-2 所示，各电器元件位置如图 4-3 所示。

（2）运动形式

CA6140 车床的主运动是主轴旋转，也就是工件的旋转运动；进给运动是溜板箱带动刀具做直线运动；辅助运动是刀具快速做直线运动。主轴由一台 7.5kW 的三相鼠笼式异步电动机拖动旋转，电动机的动力通过 V 带的传动，由主轴箱传到主轴。变换主轴箱外的手柄位置，可进行主轴的调速。除加工螺纹需要用反转完成退刀，通常主轴只要求单向旋转。CA6140 型车床的正反转不是通过改变电源相序的方法来实现的，而是利用操作手柄通过摩擦离合器来改变主轴旋转方向的。

2. 电气原理图识读分析

为了识图方便，可按图幅分区法将 CA6140 型普通车床的电气原理图分成若干个图区，各图区的用途及各支路电路的编号如图 4-4 所示。

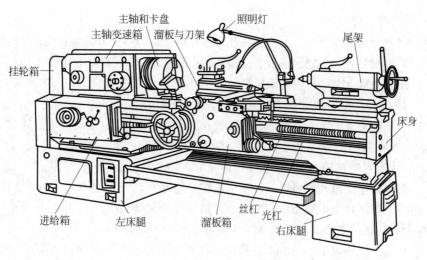

图 4-2 CA6410 车床外部结构图

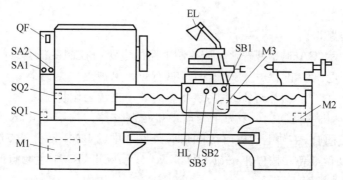

图 4-3 CA6140 型普通车床电器位置图

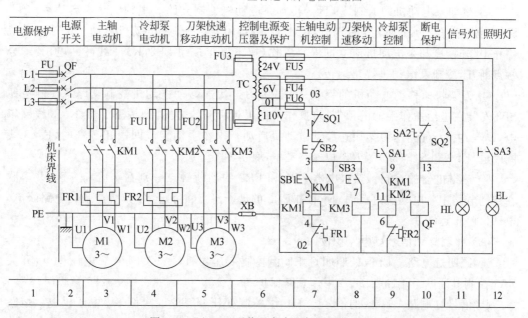

图 4-4 CA6140 型普通车床电气原理分区图

（1）主电路识读

如图 4-4 所示，CA6140 型普通车床的电源开关 QF 在 2 区，该开关能在线路过电流时及时断开电源；3、4、5 区分别为主轴电动机、冷却泵电动机和刀架快速移动电动机的主电路。

① 主轴电动机 M1。主轴电动机拖动车床的主运动和进给运动，它的运转和停止由接触器 KM1 控制。由于电动机的容量不大，故可直接启动。

② 冷却泵电动机 M2。冷却泵电动机的作用是不断向工件和刀具输送冷却液，以降低工件和刀具在切削工程中产生的高温，由接触器 KM2 控制。冷却泵电动机在主轴电动机启动后才有可能接通，当主轴电动机停止时，冷却泵电动机应立即停止。

③ 刀架快速移动电动机 M3。刀架快速移动电动机由接触器 KM3 直接控制。

④ 热继电器。热继电器 FR1 和 FR2 分别用作主轴电动机 M1 和冷却泵电动机 M2 的过载保护；带动刀架快速移动的 M3 为短时工作，无须过载保护。

⑤ 熔断器。熔断器 FU1 和 FU2 分别用作冷却泵电动机 M2 和刀架快速移动电动机 M3 的短路保护；进入车床前的电源处已装有熔断器，主轴电动机无须加熔断器作短路保护。

（2）控制电路识读

如图 4-4 所示，CA6140 型普通车床控制电路的电源由控制变压器 TC 将 380V 交流电压降到 110V 电压供电，并由熔断器 FU6 进行短路保护。

合上电源开关 QF，信号灯 HL 亮，表示车床处于正常工作状态。

① 主轴电动机的控制。6 区为主轴电动机控制支路。按下 SB1，KM1 线圈得电自锁，KM1 主触点闭合，主轴电动机启动；同时，支路 9 中的 KM1 动合触点闭合，为冷却泵电动机通电启动做准备。按停止按钮 SB2，KM1 线圈断电，KM1 主触点断开，同时解除自锁，使主轴电动机停止运行。

② 冷却泵电动机的控制。9 区为冷却泵电动机控制支路。主轴电动机启动后，合上 SA1（也可先合上），KM2 线圈得电，KM2 主触点闭合，冷却泵电动机启动。主轴电动机停止工作时，冷却泵电动机应立即停止工作（按下停止按钮 SB2，KM1 线圈断电，其动合触点断开，冷却泵电动机停止运转）。

③ 刀架快速移动电动机的控制。8 区为刀架快速移动电动机控制支路。控制按钮 SB3 安装在进给操作手柄的顶端，将操作手柄扳到所需的方向，即按下 SB3，KM3 线圈得电，KM3 主触点闭合，刀架快速移动电动机启动。操作手柄复位即松开 SB3 时，KM3 线圈断电，KM3 主触点断开，刀架快速移动电动机停止运转。

④ 热继电器的控制。热继电器 FR1 和 FR2 的动断触点分别在 7 区和 9 区，并串联在控制电路中。电动机过载时，FR1 和 FR2 的动断触点将断开，使其所控制的电路断电，电动机停止运转。

（3）照明灯和信号灯电路识读

① 照明灯电路。12 区的照明灯 EL 由控制变压器 TC 二次侧 24V 电压供电，开关 SA3 控制其通断。熔断器 FU5 用作短路保护。

② 信号灯电路。11 区的信号灯 HL 由控制变压器 TC 二次侧 6V 电压供电。熔断器 FU4 用作短路保护。

如图 4-4 所示,CA6140 型普通车床各电动机出现故障使其外壳带电,或控制变压器 TC 的原绕组和副绕组发生短路时,可通过公共端 XB 的接地,保证操作员的人身安全。

三、M7120 型平面磨床电气控制电路识读

磨床是用砂轮周边或端面进行加工的精密机床。磨床种类很多,有平面磨床、外圆磨床、内圆磨床、无心磨床及一些专用磨床。M7120 型平面磨床是用砂轮磨削加工各种零件平面的、应用最普遍的一种机床。

1. 主要结构及运动形式

(1) 主要结构

M7120 型平面磨床由床身、垂直进给手轮、工作台、位置行程挡块、电磁吸盘、立柱、砂轮修正器、横向进给手轮、拖板、磨头、驱动工作台手轮和电气控制箱等部件组成,外部结构如图 4-5 所示。其中,电磁吸盘是固定加工工件的一种夹具,它利用通电线圈产生磁场的特性吸牢铁磁性材料的工件,便于磨削加工。电磁吸盘的外壳是钢制的箱体,内部装有凸起的磁极,磁极上绕有线圈。吸盘的面板由钢板制成,在面板和磁极之间填有绝磁材料。当吸盘内的磁极线圈通以直流电时,磁极和面板之间形成两个磁极,即 N 极和 S 极,当工件放在两个磁极中间时,使磁路构成闭合回路,产生磁通。把工件放在工作台上,工件与工作台构成封闭磁路,可将工件牢固地吸住。

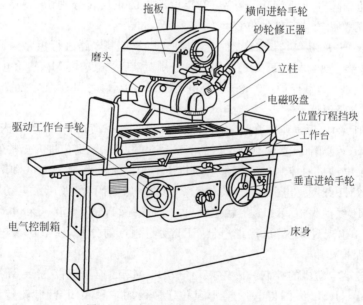

图 4-5 M7120 型平面磨床外部结构图

(2) 电力拖动形式

M7120 型平面磨床采用 4 台电动机进行分散拖动。液压泵电动机 M1、砂轮电动机 M2、冷却泵电动机 M3 和砂轮箱升降电动机 M4,全都采用普通三相鼠笼式交流电动机。磨床的砂轮、砂轮箱升降和冷却泵不要求调速;工作台的往返运动依靠液压传动装置,并采用液压无级调速,使其运行较平稳;换向则通过工作台的撞块碰撞床身的液压换向开关实现。

（3）控制要求

M7120 型平面磨床的液压泵电动机 M1、砂轮电动机 M2 和冷却泵电动机 M3 只要求单方向旋转，且容量不大，故采用直接启动；砂轮箱升降电动机 M4 要求能正反转；冷却泵电动机 M3 要求在砂轮电动机运转后才能启动；电磁吸盘应有去磁控制环节。整台机床应具有完善的保护环节（如电动机的短路保护、过载保护、零压保护及电磁吸盘的欠压保护等）和必要的信号指示和局部照明。

2. 电气原理图识读分析

M7120 型平面磨床的电气控制线路如图 4-6 所示。该线路由主电路、控制电路、电磁吸盘控制电路和辅助电路四部分组成。识读步骤为图幅分区、主电路识读、控制电路识读、电磁吸盘控制电路识读和辅助电路识读。

（1）主电路识读

如图 4-6 所示，M7120 型平面磨床主电路共有 4 台电动机。

① 液压泵电动机 M1。液压泵电动机由 KM1 主触点控制，使工作台往复运行。

② 砂轮转动电动机 M2。砂轮转动电动机由 KM2 主触点控制，带动砂轮旋转，用来加工元件。

③ 冷却泵电动机 M3。冷却泵电动机由 KM2 的主触点控制，即只有在砂轮电动机正常运转时，才能输送冷却液。

④ 砂轮箱升降电动机 M4。砂轮箱升降电动机的正反转分别由 KM3 和 KM4 主触点控制，用来调整砂轮与工件的位置。

⑤ 熔断器 FU1。熔断器 FU1 对 4 台电动机以及控制电路进行短路保护。

⑥ 热继电器。热继电器 FR1、FR2 和 FR3 分别对液压泵电动机 M1、砂轮电动机 M2 和冷却泵电动机 M3 进行过载保护。砂轮箱升降电动机 M4 的运转时间短，无须设置过载保护。

（2）控制电路识读

如图 4-6 所示，电源电压正常时，合上电源总开关 QS1，M7120 型平面磨床位于 16 区的欠电压继电器 KV 线圈得电，使其在 7 区的 KV 动合触点闭合，磨床进入正常工作状态。

① 液压泵电动机的控制。液压泵电动机 M1 的控制电路位于 6 区和 7 区。按下启动按钮 SB2，KM1 线圈得电并自锁，其位于 2 区的主触点闭合，液压泵电动机启动运行。按下 SB1，KM1 线圈失电，KM1 主触点断开，同时解除自锁，使液压泵电动机停转。若 M1 运动过程中出现过载现象，热继电器 FR1 动断触点的分断，使液压泵电动机停止运行，起到过载保护作用。

② 砂轮转动电动机的控制。砂轮转动电动机 M2 的控制电路位于 8 区和 9 区。按下启动按钮 SB4，KM2 线圈得电并自锁，其位于 3 区的主触点闭合，砂轮转动电动机 M2 启动运转。按下停止按钮 SB3，KM2 线圈失电，KM2 主触点断开，同时解除自锁，使砂轮转动电动机停转。

③ 冷却泵电动机的控制。位于 3 区的冷却泵电动机 M3 由接触器 KM2 控制。砂轮转动电动机启动后，由于接触器 KM2 主触点是闭合的，从而接通了冷却泵电动机 M3 的电源，即冷却泵电动机 M3 与砂轮转动电动机 M2 是联动控制的。按下 SB4，M3 与 M2 同时启动；按下 SB3，M3 与 M2 同时停止运行。热继电器 FR2 与 FR3 的动断触点串联

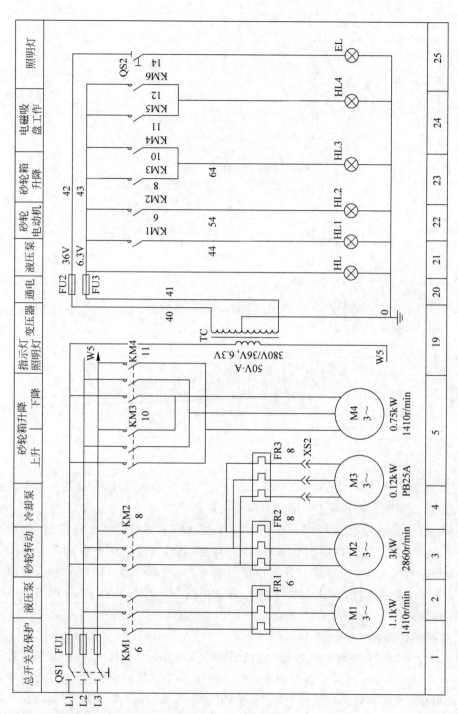

图 4-6 M7120 型平面磨床的电气控制线路图

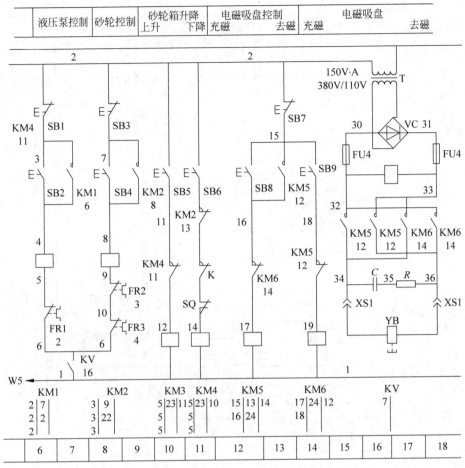

图　4-6（续）

在位于 8 区的 KM2 线圈回路中，只要 M2、M3 中任一台电动机过载，相应的热继电器立即动作，使 KM2 线圈失电，M2 和 M3 将同时停止运行。

④ 砂轮箱升降电动机的控制。砂轮箱升降电动机 M4 的控制电路位于 10 区和 11 区，采用点动控制。按下按钮 SB5，KM3 线圈得电，其位于 5 区的主触点闭合，M4 正向启动，带动砂轮箱上升；当砂轮上升到预定位置时，松开 SB5，KM3 线圈失电，主触点断开，电动机 M4 停止运转。砂轮箱的下降是通过按钮 SB6 控制线圈 KM4 的得失电来实现的，工作原理同上。

（3）电磁吸盘控制电路识读

如图 4-6 所示，M7120 型平面磨床的电磁吸盘工作电路包括整流装置、控制装置和保护装置三部分，位于 12～18 区。整流装置由整流变压器 T 和桥式整流器 VC 组成，输出 110V 直流电压；控制装置由接触器 KM5 和 KM6 的主触点组成，其中，KM5 为充磁接触器，KM6 为去磁接触器。

电磁吸盘控制电路的保护装置由放电电阻 R、电容 C 以及欠电压继电器 KV 组成。由于电磁吸盘是一个较大的电感，线圈断电瞬间，将会在线圈中产生较大的自感电动势，破坏线圈的绝缘,因此线圈的两端接有 R、C 组成的放电回路,用来吸收线圈断电瞬间释放的磁场能量,从而保护线路中的电器元件不受过电压的冲击。

① 电磁吸盘充磁控制。按下启动按钮 SB8,KM5 线圈得电并自锁,其位于 15 区和 16 区的主触点闭合,接通充磁回路,使 YB 充磁。整流后的直流电经 KM5 主触点进入电磁工作台,将工件牢牢吸住。

② 电磁吸盘去磁控制。工件加工完毕,按下 SB7,将切断电磁吸盘的直流电源。此时吸盘和工件都有剩磁存在,应对吸盘和工件进行去磁。

按下 SB9,KM6 线圈得电,其位于 17 区和 18 区的主触点闭合,接通去磁回路,使 YB 去磁。此时电磁吸盘线圈通入反方向的直流电流,用来消除剩磁。为避免去磁时间过长引起的工件和吸盘反向磁化,去磁应采用点动控制,松开点动按钮 SB9,去磁结束。

③ 欠电压保护控制。位于 16 区的欠电压继电器 KV 的线圈并联在电磁吸盘控制电路中,其位于 7 区的动合触点串联在 KM1、KM2 线圈回路中。电源电压不足或为零时,欠电压继电器 KV 的动合触点断开,使 KM1 和 KM2 线圈失电,液压泵电动机 M1 和砂轮电动机 M2 停止运转,避免因吸盘的吸力不足导致工件高速飞离事故。因此,安装欠电压继电器的目的是保证工作台具有足够的吸力,确保安全生产。

④ 熔断器的保护控制。位于 20 区的 FU2 和 FU3 分别用作电源指示灯短路保护和其余信号灯线路保护;位于 15 区和 18 区的 FU4 用作整流线路保护。

(4) 辅助电路识读

如图 4-6 所示,M7120 型平面磨床的副主电路由信号指示电路和局部照明电路组成,位于 19～25 区。

① 照明灯电路的控制。位于 25 区的 EL 为局部照明灯,由变压器 TC 提供 36V 的工作电压,由手动开关 QS2 控制。

② 信号灯电路的控制。液压泵、砂轮电动机、砂轮箱升降和电磁吸盘工作指示灯均由变压器 TC 提供6.3V 的工作电压。其中,位于 20 区的 HL 为电源指示灯,位于 21 区的 HL1 为液压泵电动机 M1 的运转指示灯,位于 22 区的 HL2 为砂轮转动电动机 M2 的运转指示灯,位于 23 区的 HL3 为冷却泵电动机 M3 的运转指示灯,位于 24 区的 HL4 为电磁吸盘工作指示灯。

知识回顾

(1) CA6140 型车床由哪几部分构成?

(2) CA6140 型车床的运动形式是怎样的?

(3) 如何识读 CA6140 型车床的主电路和控制电路?

(4) M7120 型平面磨床由哪几部分组成?

(5) M7120 型平面磨床运动形式是怎样的?

(6) M7120 型平面磨床是怎样实现换向的?

能力夯实

识读如图 4-7 所示的 X63W 型卧式万能铣床控制线路。

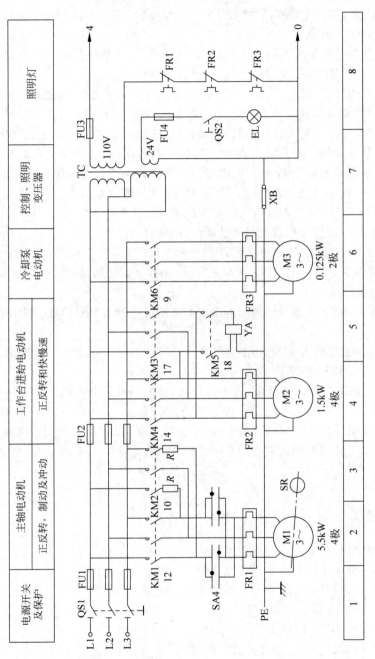

图 4-7　X63W 型卧式万能铣床控制线路

冷却泵控制	主轴控制		工作台进给控制	快速进给
	冲动、变速、制动及停转、启动、运转		变速时冲动，上、下、左、右、前、后移动	

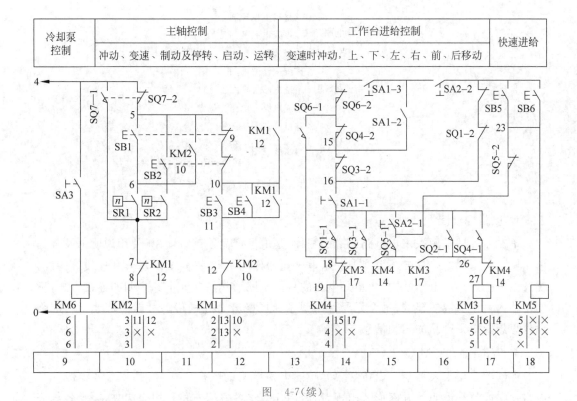

图 4-7（续）

4.2 电子电路图

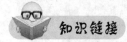 **学习要点**

了解电子电路图的构成；熟悉电子电路图的识读方法与技巧；掌握识读电子电路原理图的步骤；能够识读常见的电子电路图。

知识链接

电子电路图是电子技术的工程语言，识读电子电路图是深入学习和掌握电子技术的关键。在实际工作中，电子电路图的识读，有助于更好地了解不同电器的工作原理，从而提高现场检修和排除故障的能力。

一、电子电路图的构成

电子电路图由电路原理图、方框图和装配（安装）图三部分组成，其组成结构如图4-8所示。

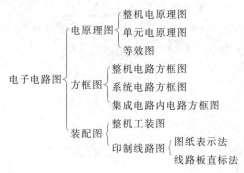

图 4-8　电子电路图的构成

1. 电路原理图

电路原理图是用来表示电路原理的图样,是电子产品设计说明书、使用说明书及各类电子图书常采用的一种电路形式。它由电子元器件的图形符号、文字符号和连线等构成,描述了电子产品的电路结构、各单元电路的具体电路形式及单元电路之间的连接方式,标明了输入输出参数的要求、每个元器件的型号和规格。通过电路图可以清楚地了解电路设计思想及电子产品的相关信息。

2. 方框图

方框图是用来表示某一设备各单元功能电路结构的图样。在方框图中,各组成部分以带文字或符号说明的方框形式出现,然后用连线将各方框有机地组合起来,表示各部分之间的关系。方框图只能说明机器的轮廓、类型以及大致工作原理,电路的具体连接方法和元件的型号数值无法在图中看出。在讲解某个电子电路的工作原理或介绍电子电路的概况时,常采用方框图。

电子电路图的设计,应先设计方框图,再进一步设计原理电路图,最后在有需要的情况下画出安装电路图,便于具体安装。固定输出集成稳压器的方框图如图 4-9 所示,图中给出了电路的主要单元电路名称和各单元电路之间的连接关系,用以说明整机的信号处理过程。

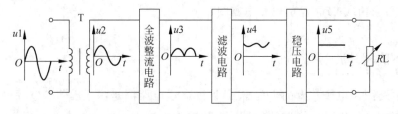

图 4-9　固定输出集成稳压器的方框图

3. 装配图

装配图是用来表示原理图中各功能电路、各元器件在实际线路板上分布的具体位置以及各元器件管脚之间连线走向的图形。装配图也叫布线图,如果用元件的实际样子表示,又叫实体图。原理图只说明电路的工作原理,看不出各元件的实际形状、连接情况以及实际位置,而装配图则能解决这些问题。装配图一般很接近于实际安装和接线情况。如图 4-10 所示的固定输出集成稳压器印制电路板装配图,用实物图或符号画出了每个元器件在印制板上的具体位置、元器件与接线孔的焊接情况,便于操作人员顺利地装配好电子设备。

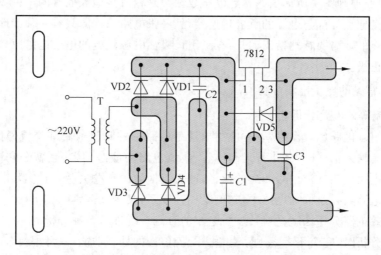

图 4-10   固定输出集成稳压器印制电路板装配图

　　装备图的表示分为图纸表示法和线路板直标法两种。图纸表示法是用一张图纸(称印制线路图)表示各元器件的分布和它们之间的连接情况,这也是传统的表示方式;线路板直标法是在铜箔线路板上直接标注元器件编号,这种表示方式应用广泛,进口设备中大多数采用这种方式。在实际应用中,图纸表示法和线路板直标法各有利弊。前者方便在印制线路图纸上找出某一只需要的元器件,但找到后还需要在印制线路图上通过该器件的编号与铜箔线路板去对照,才能发现所要找的实际元器件,有二次寻找、对照的过程,工作量较大;后者在线路板上找到某编号的元器件后就能一次找到实物,但标注的编号或参数常被密布的实际元器件所遮挡,不易观察完整。

二、电子电路图的识读方法和技巧

　　无论电子电路是繁还是简、要实现的功能和要达到的目的是否相同,电子电路图的识读方法与技巧都是通用的。

1. 熟悉电子电路原理图中各类电子元器件的符号及作用

　　初学者在识读电子电路图时,首先碰到的便是图中形形色色的图形符号及文字符号,如果对它们不熟悉,则无法阅读电子电路。因此对于初学者来说,首先应当牢记电子元器件的图形及文字符号,并熟知它们在电子电路中所起的主要作用。

2. 熟悉和牢记一些基本单元电路

　　任何复杂的电子电路都是由一些单元电路组合而成的。因此,掌握一些基本单元电路(如整流电路、稳压电路、基本放大电路、开关电路、振荡电路等)的工作原理,并能分析各个单元电路之间的关系,是能否看懂电子电路图的关键。

3. 明确电子电路原理图中接地的概念

电子电路原理图中的接地,对电路而言是一个共用参考点,在分析电路工作原理时,利用它可以方便识图。接地点的电压为零,电路中其他各点的电压都是以接地点为基准的,即电子电路原理图中所标出的各点电压数据都是相对接地点而言的。一般来讲,电路原理图中的接地点常都与电源的负极相连接,且一张电路原理图只有一种接地符号,所有地端都是相连的。需要特别指出的是,在采用负极性电源供电的电子电路原理图中,接地点是电源的正极。

4. 掌握常见的电子电路分析方法

(1) 直流等效电路分析法

在分析电子电路原理图时,首先应当搞清楚电路中的直流通路和交流通路。直流通路是指在没有输入信号时,各半导体晶体管、集成电路的静态偏置,也就是它们的静态工作点。交流电路是指交流信号传送的途径,即交流信号的来龙去脉。在实际电路中,交流电路与直流电路共存于同一电路中,它们既相互联系,又相互区别。

直流等效电路分析法就是对被分析电路的直流系统进行单独分析的一种方法。在进行直流等效分析时,完全不考虑电路对输入交流信号的处理功能,只考虑由电源直流电压直接引起的静态直流电流、电压及它们之间的相互关系。采用直流等效分析法的目的是了解半导体晶体管的静态工作点、掌握静态工作状态和偏置性质、弄清级与级间的耦合方式、分析电路中的有关元器件在电路中的作用等。

进行直流等效电路分析前,应绘制直流等效电路图。直流等效电路图的绘制应遵循以下原则:

① 电容器一律按开路处理;

② 能忽略电阻成分的电感器应视为短路,不能忽略电阻成分的电感器可等效为电阻;

③ 取降压退耦后的电压作为等效电路的供电电压;

④ 把反偏状态的半导体晶体管视为开路。

画出直流等效电路后,应计算出关键点的静态电压,分析电路直流系统参数,搞清静态工作点和偏置性质,以确定电路中的有关元器件在电路中所处的状态及所起的作用。例如,半导体晶体管是处于饱和、放大,还是截止状态,又如半导体晶体管是导通还是截止等。

(2) 交流等效电路分析法

交流等效电路分析法,是把电路中的交流系统从电路中分离出来,进行单独分析的一种方法。交流等效电路图的绘制应遵循以下原则:

① 把电源视为短路;

② 交流旁路的电容器一律视为短路;

③ 隔直耦合电容器一律视为短路。

画出交流等效电路后,再分析电路的交流状态。即当电路有信号输入时,分析电路中各环节的电压和电流是否按输入信号的规律变化,是放大、限幅还是振荡,是限幅、消波、整形还是鉴相等。

（3）时间常数分析法

时间常数是反映储能元器件上能量积累快慢的一个参数，时间常数分析法主要用于分析 R、L、C 和半导体晶体管组成电路的性质。对于形式及接法相似的电子电路，若时间常数不同，它们在电路中所起的作用是不同的，如耦合电路、微分电路、积分电路、钳位电路和峰值检波电路等。

（4）频率特性分析法

频率特性分析法主要用来分析电路本身所具有的频率是否与所处理信号的频率相适应。分析时，应简单计算一下电路的中心频率、上下限频率和频带宽度等；并通过这种分析，了解电路的性质，如滤波、陷波、谐振、选频电路等。

5. 多学相关的专业知识，勤动手实践

电子设备的电路原理图有的简单，有的复杂。对于复杂的电路原理图，识读时应具有相关的专业知识，即具备电子理论、电子元器件的性能与使用、国内外常用的图形符号及文字符号等及器件、材料、工艺、结构等方面的相关知识。在对某些电子设备的电路原理图进行识读时，只有电子技术方面的知识是不够的，还应学习电子设备应用方面的专业知识。例如，识读医疗设备的电路原理图时，就应具备人体生理方面的知识，否则就很难读懂。

电子技术的技术性很强，光靠学习书本知识是不够的，还必须勤动手实践。动手实践是学习电子技术的最好方法，通过实践不仅可以加深对电路原理的理解，还可以积累识读电子原理图方面的经验，使学到的基础知识得到巩固。

6. 注意积累集成电路相关知识

许多电子电路原理图都有集成电路。有针对性地了解一些常用的集成电路（如 555 时基电路，常用的运算放大器、集成稳压电路，一些数字门电路等）的原理、功能、引脚的排列及作用，有助于对电子电路图的识读。若在识读时遇到陌生的集成电路，应先查阅有关资料，搞清该集成电路的功能、各引脚的排列及所起的作用，再进行识读，以加快读图的速度。

7. 多看各种电子电路图

平时要多看、多读、多分析、多了解各种电子电路图。识读时可由简单电路到复杂电路。通过学习不断积累经验，以便快速地识读电子电路图，读懂各种电子电路图。

三、识读电子电路原理图的步骤

1. 了解电子设备的用途

识读电子电路原理图的关键是了解电子设备的用途，理解输入和输出之间的关系及各单元电路的作用和性能，搞清电路原理图的整体功能，以便在宏观上对电子电路原理图有一个基本的认识。对带有方框图的电子电路图，了解电子设备的用途时应阅读方框图的文字说明，弄清整机的组成单元电路及整体功能。

2. 分解电路

在没有方框图的情况下,应分解电路,将电路化整为零,画出电路原理方框图。分解电路时,以所处理的信号流程为顺序,以主要元器件为核心,将电路原理总图先分解成若干个基本组成部分,再分析每一个基本组成部分的构成及各单元电路的功能。分解电路时,还应注意单元电路的类型。一般来讲,单元电路可分为模拟电路和数字电路两大类,模拟电路是处理、传输和产生模拟信号的电路;数字电路则是处理、传输和产生数字信号的电路。

(1) 常用的单元电路

电子电路常用的单元电路有整流电路(单向半波整流电路、单向全波整流电路、单向桥式整流电路等)、滤波电路(电容滤波电路、电感滤波电路、π 形滤波电路)、晶体管电压放大电路、振荡电路等,如图 4-11 所示。随着微电子技术的不断发展,半导体晶体管和集成电路 IC 的符号也越来越多地在电子电路原理图中出现。

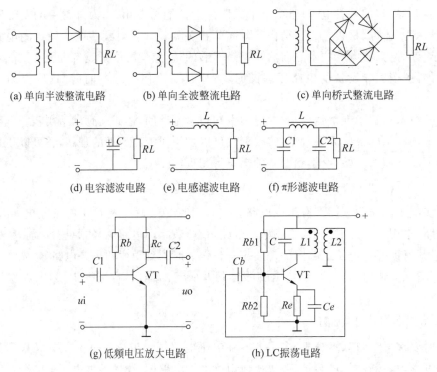

(a) 单向半波整流电路　　(b) 单向全波整流电路　　　　(c) 单向桥式整流电路

(d) 电容滤波电路　　(e) 电感滤波电路　　(f) π形滤波电路

(g) 低频电压放大电路　　　　(h) LC振荡电路

图 4-11　电子电路中常用的单元电路

(2) 组成单元电路的常用元器件

① 电阻器。电阻器是一个线性元件,具有限流、降压、分压、分流、负载、匹配等作用。

② 电容器。电容器是一个非线性元件,可储存电场能,具有隔直、旁路、耦合、滤波、去耦、调谐和振荡等作用。

③ 电感器。电感器是一个非线性元件,可存储磁场能,具有扼流、振荡、调谐、补偿、磁偏转等作用。

④ 二极管。二极管是一个非线性的器件,正、反向电阻值相差很大,具有整流、钳位、检波等作用,还具有开关特性。

⑤ 晶体管。晶体管是一个电流放大器件,是放大电路中不可缺少的器件,具有开关特性。

⑥ 变压器。变压器的主要用途有变压、阻抗匹配、变相位和变电流等。

⑦ 晶闸管。晶闸管是一种受控的开关器件,常用于自动控制系统中。

3. 寻找整机电路的通路

一个电子设备通常由交流通路、供电直流通路、信号输入和输出通路、控制通路、反馈通路、显示通路等不同的通路组成。分清各通路有助于了解各组成部分之间的关系。常用通路输入/输出之间的关系及通路的特点如下。

(1) 放大电路通道

在放大单元电路中,输出信号的幅度远大于输入信号的幅度,而其他特征不变。其中,单管共发射极的输出信号与输入信号相位相反,而两级直接耦合放大器的输出信号与输入信号相位相同。

(2) 信号发生电路(振荡电路)通道

信号发生单元电路是在没有输入信号的情况下,由自身产生的自激振荡,通过选频网络向外输出特定的波形和频率的信号。

(3) 调谐放大通道

在调谐放大单元电路中,输入信号只有在接近谐振频率的信号时才能到达输出端,其他频率不能通过通道。

(4) 数字电路通道

数字电路的输出信号有的只取决于同一时刻的输入信号,而与电路原来的状态无关;有的不仅与同一时刻的输入信号有关,还与电路原来的状态有关。

4. 全面综合

了解各部分单元电路的工作情况后,应将各单元电路联系起来,综合考虑,分析前级与后级电路的输出与输入关系,从总体上弄清电子电路的工作原理。

四、电子电路图识读分析

电子电路图应在掌握一定的理论知识的前提下,根据识读原则和步骤进行分析。如图 4-12 所示为简单稳压电源电路,该电路的输出可调电压为 8～21V,输出电流为 200mA,具体识读方法如下。

1. 了解电子设备的用途

这是一个直流稳压电源电路,输出 8～21V 的可调电压。

2. 分解电路

根据如图 4-13 所示的稳压电源电路的组成框图,可将图 4-12 所示的稳压电源电路分解为整流、滤波、稳压电路。

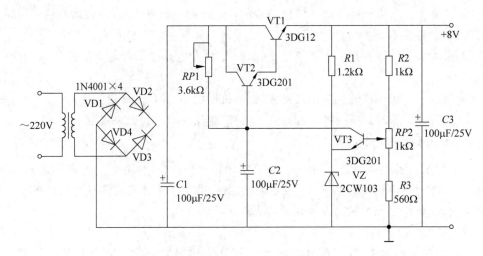

图 4-12　稳压电源电路

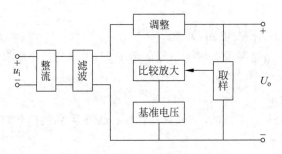

图 4-13　稳压电源电路框图

（1）VD1～VD4 组成桥式整流电路。

（2）$RP1$、$C1$、$C2$ 组成滤波电路。

（3）VT1、VT2、VT3、VZ 组成稳压电路。其中，VT1、VT2 组成复合调试管，VZ 提供基准电压，VT3 是比较放大器，$R2$、$R3$、$RP2$ 组成取样电路。通过取样电路将输出电压的一部分取出，加到 VT3，与基准电压比较后进行放大，通过调整管调整，使输出电压稳定。

3. 抓住通路

输出电压的通路是整流输出 VT1 的 e 级，所以，VT1 的 c 和 e 级间的电压大小将影响输出电压的大小，稳压的关键元器件就是 VT1 和 VT2 组成的复合调整管。

4. 相互联系

该电路各级均采用直接耦合。由于该电路使用 NPN 型硅管，所以输出正电压，负极接地；电路中把 2CW103 型稳压二极管两端的电压作为基准电压；取样电阻通过电位器 $RP2$ 对输出电压进行调节；$R1$ 作为稳压二极管的限流电阻；$RP1$ 是 VT3 的集电极负载电阻。

知识回顾

（1）电子电路图由哪几部分构成？

（2）简述电子电路图的识读方法与技巧。

（3）简述识读电路原理图的步骤。

（4）电子电路中常用的单元电路有哪些？

（5）分析稳压电源电路。

能力夯实

识读如图 4-14 所示的助听器电路原理图。

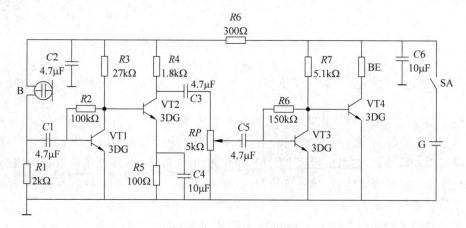

图 4-14 助听器电路原理图

4.3 供配电系统电气主接线图

学习要点

了解发电与配电的过程；了解电力系统主要电气设备及其作用；了解发电厂电气主接线的形式；理解供配电系统中的电气主接线及二次接线；掌握供配电系统电气主接线图的识读步骤；能够识读供配电系统中的电气主接线图。

知识链接

发电厂使用的发电机多为三相交流发电机。目前，我国生产的三相交流发电机有 400V/230V、3.15kV、6.3kV、10.5kV、13.8kV、15.75kV、18kV 等多个电压等级。

发电厂与用电地区和用户之间有较远的距离,且用电设备的电压等级与发电厂的电压等级也有很大差别。例如家用电器设备、照明设备的额定电压为 220V 单相电压,而一般低压三相电动机的线电压为 380V,这就存在远距离高压输电及一次和二次变电问题。发电厂的发电、输配电过程如图 4-15 所示。

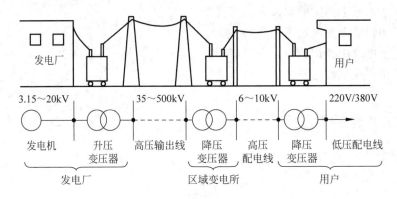

图 4-15 发电厂的发电、输配电过程

一、变电与配电

变电与配电是电力系统中高端核心环节。变电所的任务是接收电能、变换电压和分配电能,是联系发电厂和用户的中间环节;而配电所只担负接收电能和分配电能的任务。但二者又有相同之处,如担负接收电能和分配电能的任务;电气线路中都有引入线(架空线和电缆线)、各种开关电器(如隔离开关、刀开关、高低压断路器)、母线、互感器、避雷器和引出线等电气设备。

用电单位一般都设有中央变电所和车间变电所(小规模的企业往往只有一个变电所)。中央变电所接收送来的电能,然后再分配到各车间以及用电场所的变电所或配电箱(配电板),最后从配电箱或配电板将电能分配给用电设备。

低压配电线路的额定电压为 380V/220V,用电设备的额定电压一般为 220V 或 380V,大功率电动机的电压为 3kV 或 6kV,机床照明和矿井安全电压额定为 36V。

二、电力系统

电能是发电机轴上的机械能转换而来的,而轴上的机械能都是由一次能源转换而来的。由各种电压的电力线路将一些发电厂、变电所和电力用户联系起来的发电、输电、变电、配电和用电的整体称为电力系统。某大型电力系统的系统图如图 4-16 所示,该系统是水力发电厂、火力发电厂、核能发电厂等联合供电的大型电力系统。

电力系统中各级电压的电力线路及与其联系的变电所,称为电力网或电网。按电压等级,电网分为 10kV 电网、110kV 电网等;按地域,电网可分为华东电网、东北电网等。

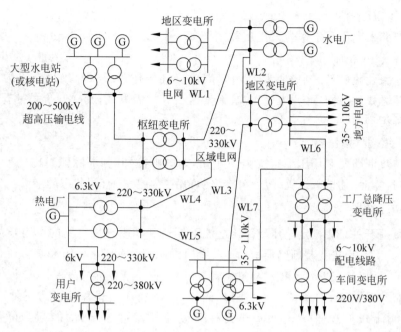

图 4-16 大型电力系统图

三、电力系统主要电气设备

1. 电力变压器

电力变压器是发电厂和变电所的主要设备之一。变压器是一种静止的电气设备,用来将某一等级的电流电压转换为频率相同的另一种或几种等级的交流电压,且不改变传输容量。电力系统中,把高电压输送的电能降为用户供电电压的变压器,称为配电变压器。通常情况下,低压供电电压为 380V 或 220V,大型高压电动机使用的电压为 3kV 或 6kV,配电变压器高压侧电压一般为 6kV、10kV、35kV,在大电网中也有 110kV。

三相电力变压器的图形符号根据不同组别的绕组而有所不同,如图 4-17 所示。

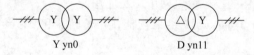

图 4-17 三相电力变压器不同组别绕组的图形符号

2. 高压断路器

高压断路器是高压开关中最重要、最复杂的一种,既能切换正常负载,又可切除短路故障,同时承担着控制和保护双重任务。电路正常时,高压断路器用来接通或切断负荷电流;电路发生故障时,高压断路器用来切断巨大的短路电流。高压断路器中使用的油断路器分为多油断路器和少油断路器两种,它是利用触点间产生的电弧使油分解,并利用高压气体对电弧进行吹弧和冷却使电弧熄灭。常见的高压断路器有真空断路器、六氟化硫断路器和压缩空气断路器三种。

（1）真空断路器

真空断路器利用真空作为灭弧介质。

（2）六氟化硫断路器

高压六氟化硫（SF_6）断路器是利用六氟化硫气体作为灭弧和绝缘介质的一种断路器。按灭弧方式的不同，可分为气吹式、旋弧式和自行灭弧式，其中气吹式又有单压式和双压式两种类型。

（3）压缩空气断路器

压缩空气断路器利用压缩空气强烈吹弧，使电弧冷却，并清除弧道内的残余游离气体，当电流过零时，使电弧熄灭。压缩空气还可用来维持分、合闸状态的绝缘。

3. 高压负荷开关

高压负荷开关是在额定电压和额定电流下接通和切断高压电路的专用开关，与高压熔断器配合使用时，可代替断路器。由于负荷开关只允许接通和断开负荷电流，不允许断开短路电流，所以它仅能作为控制和过载保护元件，而不能作为故障保护元件。

按灭弧介质的不同，负荷开关可分为固体产气式、压气式和油浸式三种。其中，固体产气式负荷开关和压气式负荷开关有明显的外露可见端口，能起到隔离开关的作用。

4. 隔离开关

隔离开关是以空气为绝缘介质，在无负荷的情况下接通或断开电路的电气设备。在断开位置时，隔离开关能形成明显可见的、足够的断开距离，使需要检修的电气设备与电源可靠隔离，确保维修工作的安全；在合闸状态时，可通过正常工作电流和短路故障电流。隔离开关在配电装置中的应用非常广泛，通常是断路器应用的 3～4 倍。

5. 高压熔断器

高压熔断器是在电网中人为设置的一个最薄弱的元器件，用来避免电气装置遭受过电流或短路电流作用时引起的损坏。流过过电流时，高压熔断器本身发热熔断，借灭弧介质的作用使电路开关断开，达到保护电力线路和电气设备的目的。由于熔断器价格便宜所以其在电压低于 35kV 的小容量电网中广泛应用。

按使用场所的不同，熔断器可分为有限流作用熔断器和无限流作用熔断器两种。

6. 成套配电装置

成套配电装置是以断路器为主的成套电器，主要用于配电系统的接收与分配电能。该装置的各组成元件，根据主接线的要求，按一定顺序布置在一个或几个金属柜内。根据需要，在柜内还可装设控制、测量、保护及调整等设备。

7. 电流互感器

电流互感器是将电路中流过的大电流转换成小电流（额定值 5A），供给测量仪表（如电流表、电能表、功率表等）和继电器的电流线圈，实现用小电流的仪表测量大电流的电气设备。电流互感器由一个串联在电路中的一次绕组（匝数少）和一个或两个二次绕组（匝数多）组成。电流互感器的一、二次绕组相互绝缘并且绕在同一个铁心之上，通过电磁感应,把一次绕组上的大电流按一定比例变换成二次绕组上的小电流。使用时,应注意电流互感器的二次侧不允许断路。

8. 电压互感器

电压互感器的实质是一个降压变压器,它是将高电压(6V、10V、35kV 等)降为低电压(一般额定值为 100V),供给测量仪表(电压表、电能表、功率表)和继电器的电压线圈,实现用低压仪表间接测量高电压的电气设备。它是由两个或三个互相绝缘的线圈绕在统一铁心上所组成。电压互感器的一次绕组与电压电路并联且匝数多,二次绕组匝数少,通过电磁感应,把高电压按一定比例变换成低电压。使用时,应注意电压互感器的二次侧不允许短路。

四、供配电系统电气接线图

1. 供配电系统电气接线分类

电气接线是指电气设备在电路中相互连接的先后顺序。按照电气设备的功能及电压不同,供配电系统的电气接线可分为电气主接线(一次接线)和二次接线两种。

(1) 电气主接线(一次接线)

电气接线泛指发电、输电、变电、配电、用电电路的接线。供配电系统中,变配电所内承担受电、变压、输送和分配电能任务的电路,称为一次电路(一次接线)或主接线。变压器、各种高低压开关设备、母线、导线、电缆、作为负载的照明灯和电动机等一次电路中的所有电气设备,统称为电气一次设备或一次元器件。

表达一次电路接线的电气图通常有供配电系统图、电气主接线图、自备电源电气接线图、电力线路工程图、动力与照明工程图、电气设备或成套配电装置安装图、防雷与接地工程图等。

(2) 电气二次接线

保证一次电路正常、安全、经济运行而装设的控制、保护、测量、监察、指示及自动装置电路,称为副电路,也称为二次电路(二次接线)。控制开关、按钮、脱扣器、继电器、各种电测量仪表、信号灯及警告音响设备、自动装置等二次电路中的设备,统称为二次设备或二次元器件。

绘制供配电系统电气接线图时,应注意电流互感器 TA 及电压互感器 TV 的一次侧装接在一次电路中,二次侧接继电器和电气测量仪表。它们虽属于电气一次设备,但在电路图中应分别画出一、二次侧接线;熔断器 FU 在一次或二次电路中都有应用,应按其装设位置分别归属于电气一次或二次设备。

2. 供配电系统电气主接线图的识读

电气主接线图应在负荷计算、功率因数补偿计算、短路电流计算、电气设备选择和校验后才能绘制,它是电气设计计算、订货、安装、制作模拟操作图及变电所运行维护的重要依据。供配电系统电气主接线图的识读应按如下步骤:

① 读标题栏;

② 看技术说明;

③ 读接线图(可按由电源到负载、从高压到低压、从左到右、从上到下的顺序依次识读);

④ 了解主要电气设备材料明细表。

五、供配电系统电气主接线图识读

1. 发电厂电气主接线图概述

发电厂以及工矿企业的自备发电站的电气主电路承担发电、变电(升压)、输配电的任务。附近有电力用户的发电厂还有分配供电的作用。采用低压发电机时,低压负荷可支配;采用高压发电机发电时,要经过变压器降压后供电给低压负荷。

由于发电厂装机容量的差别,形成其电气主接线形式的多样性。某小型发电厂电气主接线图如图 4-18 所示。

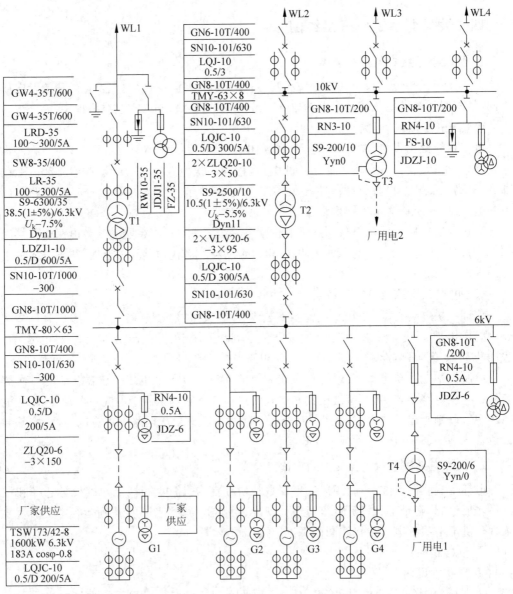

图 4-18 某小型发电厂电气主接线图

（1）发电厂的概况及负荷

该电厂为小型水力发电厂，装机容量为 $4\times1600kW$，离城镇较近，除了向电网输送 35kV 电能外，还要向附近地区负荷输送 10kV 电能。

考虑到电厂的总装机容量、有较大的近区负荷以及最大可输电给 35kV 系统等因素，35kV 主变压器容量选为 $6300kV\cdot A$。

近区负荷与发电厂距离不远，且与 10kV 系统连接；与所采用的发电机电压（6.3kV）直配线相比，除提高电能质量、减少输电损耗之外，10kV 变压器对发电机还起到过电压保护的作用。因此，将该电厂 6.3kV 的发电机电压经升压变压器 T2（容量为 $2500kV\cdot A$）升为 10.5kV 后，再向附近区域供电。

（2）电气主接线的形式

该发电厂的电气主接线有下列两种形式。

① 单母线不分段接线。4 台发电机的 6kV 汇流母线及 2 号变压器高压侧 10kV 母线均采用了单母线不分段接线的形式。

② 变压器到线路单元接线。该电厂 35kV 高压侧只有一回路出现，采用变压器到线路单元接线，不仅可以简化接线，而且还使 35kV 户外配电装置的布置简单紧凑，从而减少了占地面积和费用。

另外，该电厂采用两台容量各为 $200kV\cdot A$ 的常用变压器，分别从 6kV 和 10kV 母线取得电源，双电源提高了厂用电供电的可靠性。由于这两台变压器低压侧的相位不一定相同，因此常用低压 200V/380V 母线应分段运行，即电厂用电低压母线的主接线形式为单母线分段形式，一般常用单母线断路器分断的形式。

2. 变配电所电气主接线图概述

变配电所主接线绘制方式有装置式和系统式两种。其中，装置式电路图主要用于供电设计；系统式电路图在供电设计和运行中均有着广泛的应用。

既能表示主电路中各元器件及装置的相互连接关系，又能表示出其排列、安装位置的主电路图，称为装置式主接线图（装置式电气主接线图）。高、低压配电装置应分开绘制，其中高、低压配电装置（柜、屏）的接线应按其装设位置的相互关系顺序排列。

在电气设计中，通常只画系统式主接线图；在订货及安装期间，还要另外绘制高、低压配电装置（柜、屏）的订货图。系统式主接线图中的所有元器件均按其相互连接的先后顺序绘制，而不考虑其装设位置的相互关系。

（1）35kV 总降压变电所主接线图

35kV 总降压变电所主接线如图 4-19 所示，该图采用系统式电路绘制，电源架空进线上装设有户外隔离开关、接地刀闸和避雷器等电气元器件。两条母线互为备用，一条母线检修时，另一条母线可继续工作，不会中断对用电设备供电，即任一母线侧隔离开关检修时，只需断开这一回路即可。工作母线故障时，所有回路能迅速切换至备用母线而恢复供电，也可将个别回路单独接在备用母线上进行特殊工作或试验，因而可靠性高，运行方式灵活，便于扩建。

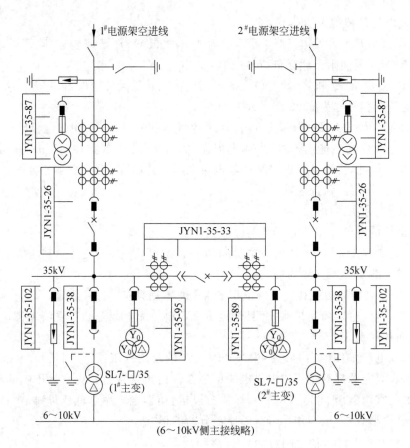

图 4-19　35kV 总降压变电所主接线图

（2）装有一台主变压器的 10kV 降压变电所主接线图

装有一台主变压器的 10kV 降压变电所主接线如图 4-20 所示，该线路只有一组母线，所有电源回路和出线回路，均经过必要的开关电器连接到该母线上并列运行，具有接线简单、清晰，所用电气设备少，操作方便，配电装置造价便宜的优点，适用于出线回路少且用户对供电可靠性要求不高的单电源发电厂或变电所。但线路的适应性差，母线故障或检修，全部回路均需停电；任一回路断路器检修，该回路也需停电。

3. 某小型工厂变电所的电气主接线图识读分析

如图 4-21 所示为某小型工厂变电所的电气主接线图，采用单线表示。元器件技术数据表示方法采用两种基本形式：一种是标注在图形符号的旁边（如变压器、发电机等）；另一种是表格形式给出（如开关设备等）。

识读供配电系统图时，首先应观察图纸中是否有母线，如果有，说明它是变配电所的电气主接线；然后观察图纸中是否有电力变压器，如果有，说明它是变电所的主电路图，否则为配电所的主电路图。无论变电所还是配电所的电气主接线图，都应从电源进线开始，按照电能流动的方向进行识读。

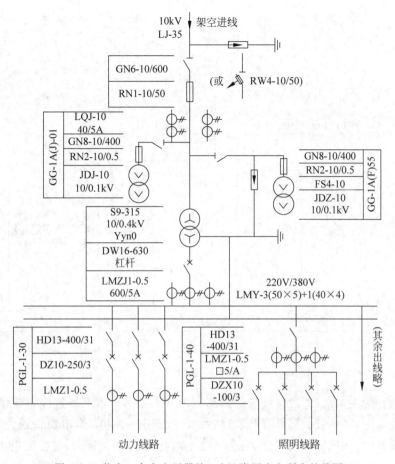

图 4-20 装有一台主变压器的 10kV 降压变电所主接线图

（1）电源进线

图 4-21 中，电源进线为 LJ-3X25mm²，是架空敷设引入的 3 根 25mm² 的铝胶线；经过负荷开关 QL（FN3/10-30-50R）、熔断器 FU（RW4-10/50/30A）送入主变压器（SL7-315kV·A，10/0.4kV），将 10kV 的电压变换为 0.4kV 的电压，由铝排送到 3 号配电屏，然后送到母线上。

3 号配电屏的型号是 BSL-11-01，是一双面维护的低压配电屏，主要用于电源进线。由图 4-21 可见，该屏有两个刀闸和一个万能型自动空气断路器。自动空气断路器为DW10 型，额定电流为 600A。电磁脱扣器的动作整定电流为 800A，能对变压器进行过流保护，它的失压线圈能进行欠压保护。屏中的两个刀闸开关起到隔离作用，一个隔离变压器供电，另一个隔离母线防止备用发电机供电，便于检修自动空气断路器。配电屏的操作顺序为：断电时，先断开断路器，后断开隔离刀闸开关；送电时，先闭合刀闸开关，后闭合断路器。为了保护变压器，防止雷电袭击，在变压器高压进线端一侧安装了一组（共三个）FS-10 型避雷器。

（2）母线

该电路图采用单母线分段式，配电方式为放射式，以 4 根 LMY 型、截面积均为 50×4

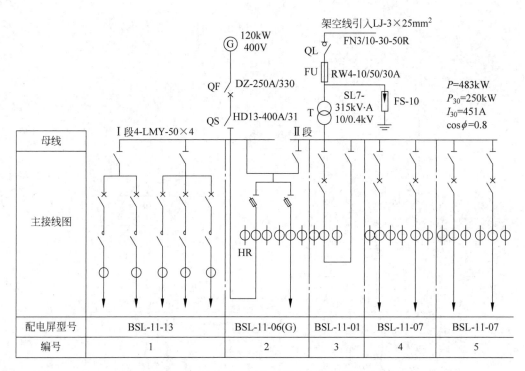

图 4-21 某小型工厂变电所的电气主接线图

的硬铝母线作为主母线,两段母线通过隔离刀闸开关联络。当电源进线正常供电而备用发电机不供电时,联络开关闭合,两段母线都有主变压器供电。当电源进线、变压器等发生故障或检修时,变压器的出线开关断开,停止供电,联络开关断开,备用发电机供电。这时只有Ⅰ段母线带电,供给职工医院、水泵房、试验室、办公室、寝室等,可见这些场所的电力负荷是该系统的主要负荷。但这不是绝对的,只要备用发电机不发生过载,也可通过联络开关使Ⅱ段母线有电,送给Ⅱ段母线的负荷。

(3) 出线

出线是从母线经配电屏、馈线向电力负荷供电。因此在电路图中都标注有配电屏的型号,馈线的编号、型号、截面、长度、敷设方式,馈线的安装容量(或功率 P),计算功率 P_{30},计算电流 I_{30},线路供电负荷的地点等。该变电所共有 10 个馈电回路,其中 3/9 回路为备用。

 知识回顾

(1) 简述电力输配电系统的发电过程及配电过程。

(2) 电力系统由哪几部分组成?

(3) 简述变电与配电的过程。变电所与配电所的区别是什么?

(4) 电力系统的主要电气设备有哪些?

(5) 电气主接线图的形式有哪些?

识读如图 4-22 所示的某厂电力系统一次电路图。

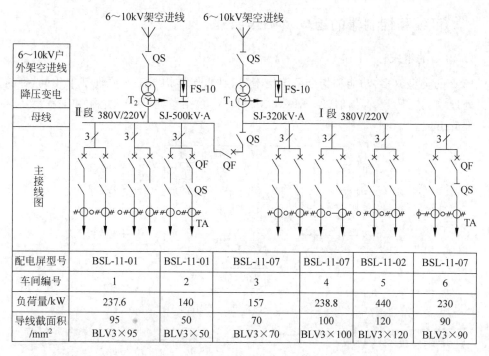

图 4-22 某厂电力系统一次电路图

配电屏型号	BSL-11-01	BSL-11-01	BSL-11-07	BSL-11-07	BSL-11-02	BSL-11-07
车间编号	1	2	3	4	5	6
负荷量/kW	237.6	140	157	238.8	440	230
导线截面积 /mm²	95 BLV3×95	50 BLV3×50	70 BLV3×70	100 BLV3×100	120 BLV3×120	90 BLV3×90

4.4 PLC 控制系统电路图

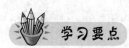

了解 PLC 的定义、组成及工作原理；了解 PLC 的工作过程；理解梯形图的组成及设计原则；掌握 PLC 控制系统电路图的识读方法；能够识读 PLC 控制系统电路图。

作为一种专用的工业控制装置，可编程控制器在传统继电器控制系统的基础上，结合计算机灵活、方便的特点设计并制造而成，它采用可以编制程序的存储器，用来在其内部存储执行逻辑运算、顺序运算、计时、计数和算术运算等操作的指令，并能通过数字式或模拟式的输入和输出，控制各种类型的机械或生产过程。PLC 及其有关的外围设备是工业

控制系统中的重要组成部分,尤其在底层控制中,PLC一般是控制系统的核心。

伴随着大规模和超大规模集成电路等微电子技术的迅猛发展,现代的PLC不仅能够实现开关量的顺序逻辑控制、数字运算、数据处理、运动控制及模拟量控制,而且还具备了远程I/O、通信联网及图像显示等功能。

一、可编程控制器的组成及工作原理

1. PLC的组成

PLC的类型繁多,功能和指令系统也不尽相同,但结构与工作原理基本相同,通常由中央处理单元(CPU)、存储器(RAM、ROM)、输入/输出单元(I/O)、电源和编程器等几个主要部分组成,如图4-23所示。

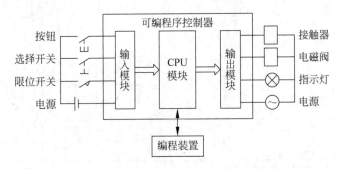

图4-23　PLC的基本结构

(1) 中央处理器(CPU)

CPU是PLC运算和控制的核心,起着协调和指挥整个系统工作的作用,具有诊断PLC电源、内部电路的工作状态及编制程序中的语法错误;采集现场的状态或数据,并送入PLC的寄存器中;逐条读取指令,完成各种运算和操作以及将处理结果送至输出端;响应各种外部设备的工作请求等功能。

(2) 存储器(RAM、ROM)

存储器主要用于存放系统程序、用户程序及工作数据,常用的存储器有RAM、EPROM和PROM。

(3) 输入/输出(I/O)单元

I/O接口是PLC与输入/输出设备连接的部件。其中,输入接口用来接收输入设备(如按钮、传感器、触点、行程开关等)的控制信号;输出接口用于将主机经处理后的结果通过功放电路去驱动输出设备(如接触器、电磁阀、指示灯等)。

(4) 电源

电源是指为CPU、存储器、I/O接口等内部电子电路工作所配置的直流开关稳压电源,通常也为输入设备提供直流电源。

(5) 编程器

编程器是PLC的一种主要外部设备,用于输入、检查、修改、调试程序或监视PLC的工作情况。通常情况下,编程器可分为简易型和智能型两种。PLC程序的编辑及监控,还可通过适配器或专用电缆线将 PLC 与计算机连接,并利用专用的工具软件来完成。

(6) 输入/输出扩展单元

I/O 扩展接口用于连接扩充外部输入/输出端子的扩展单元与基本单元(即主机)。

(7) 外部设备接口

外部设备接口可将编程器、打印机、条码扫描仪等外部设备与主机相连,以完成相应的操作。

2. PLC 的工作原理

PLC 采用"顺序扫描,不断循环"的工作方式。在 PLC 运行时,CPU 按指令步序号(或地址号)对存储器中的用户程序作周期性循环扫描,如无跳转指令,则从第一条指令开始逐条顺序执行用户程序,直至程序结束。然后重新返回第一条指令,开始下一轮新的扫描。在每次扫描过程中,还要完成对输入信号的采样和对输出状态的刷新等工作。PLC的工作过程如图 4-24 所示。

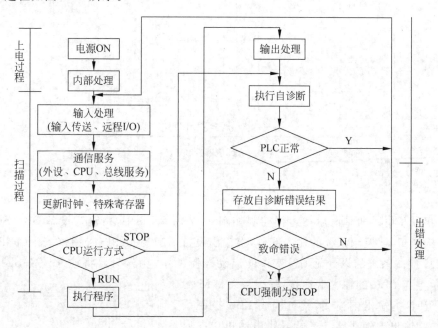

图 4-24 PLC 的工作过程

(1) PLC 的等效电路

传统的继电器控制系统由输入、逻辑控制和输出三部分组成,如图 4-25 所示。其中,逻辑控制部分由各种继电器(包括接触器、时间继电器等)按一定的逻辑关系用导线连接而成,当逻辑控制功能发生变化时,必须对继电器电路进行重新设计、安装和调试。

由于 PLC 控制系统替代的是继电器系统的逻辑控制部分,因此它也是由输入、逻辑控制和输出三部分组成的。在进行 PLC 应用程序设计时,可以将 PLC 等效为一个由多种编程元器件(如输入继电器、输出继电器、辅助继电器、定时器和计数器等)组成的整体,如图 4-26 所示。

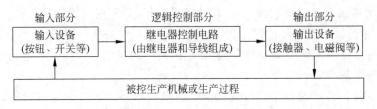

图 4-25 继电器控制系统

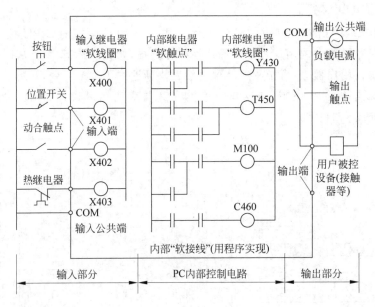

图 4-26 PLC 控制系统

三相异步电动机单向启动运行控制如图 4-27 所示,图中,由输入设备 SB1、SB2、FR 的触点构成 PLC 控制系统的输入部分,由输出设备 KM 构成 PLC 控制系统的输出部分。

PLC 控制系统的设计无须改变单向启动控制的主电路,只要将输入设备 SB1、SB2、FR 的触点与 PLC 的输入端连接,输出设备 KM 的线圈与 PLC 的输出端连接,就可构成 PLC 控制系统的输入、输出硬件线路。三相异步电动机单向启动的控制功能可以由 PLC 的用户程序来实现,其等效电路如图 4-28 所示。

图 4-28 中,输入设备 SB1、SB2、FR 与 PLC 内部的"软"继电器 X0、X1、X2 的线圈对应,通过这些"软"继电器将外部输入设备状态变成 PLC 内部的状态,把这类"软"继电器称为输入继电器;输出设备 KM 与 PLC 内部的"软"继电器 Y0 对应,通过这些"软"继电器将 PLC 内部状态输出,以控制外部输出设备,把这类"软"继电器称为输出继电器。

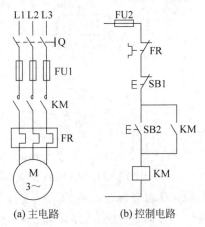

(a) 主电路   (b) 控制电路

图 4-27 三相异步电动机单向启动控制

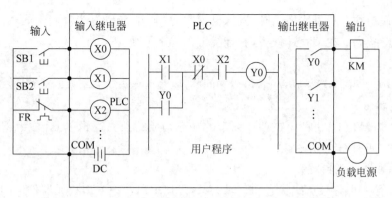

图 4-28　三相异步电动机单向运行控制的 PLC 等效电路

（2）PLC 的扫描工作过程

PLC 的扫描过程可分为输入采样阶段、程序执行阶段和输出刷新阶段，如图 4-29 所示。

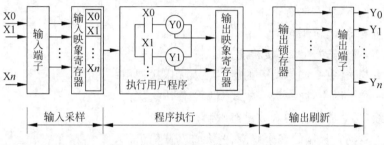

图 4-29　PLC 扫描工作三个阶段

输入采样阶段：以扫描方式按顺序将所有暂存在输入锁存器中的输入端子的通断状态或输入数据读入，并将其写入各对应的输入状态映象寄存器中，即刷新输入。随即关闭输入端口，进入下一阶段。

程序执行阶段：按用户程序中指令存放的先后顺序扫描执行每条指令，执行的结果写入元器件状态映象寄存器中，元器件状态映象寄存器中所有的内容随着程序的执行而改变。

输出刷新阶段：当所有指令执行完毕，输出状态寄存器的通断状态在输出刷新阶段送至输出锁存器中，并通过一定的方式（继电器、晶体管或晶闸管）输出，驱动相应输出设备工作。

二、梯形图的组成及设计原则

1. 梯形图的组成

PLC 控制系统电路图也称为梯形图，其结构组成如图 4-30 所示。

（1）母线

梯形图两侧的垂直公共线称为母线（Bus bar）。在分析梯形图的逻辑关系时，为了借用继电器电路图的分析方法，常常把梯形图左右两侧的母线（左母线和右母线）等效为电源的正

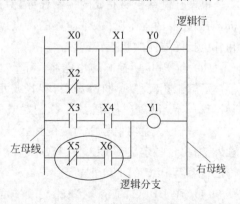

图 4-30　梯形图的组成

极和负极,假想在左右母线之间有"概念电流"从左向右"流动",当线路上的触点全部闭合时,输出线图接通。在编程过程中,右母线可以省略不画。

(2) 逻辑行

在梯形图语言中,连接在左、右母线之间的,以触点开头线圈结束的线路,称为逻辑行。

(3) 逻辑分支

在同一逻辑行上,由两个或两个以上的触点构成的独立逻辑单元,称为逻辑分支,也称为逻辑块,如图 4-32 所示。

(4) 梯形图的逻辑解算

根据梯形图中各触点的状态和逻辑关系,可以求出图中各编程元器件线圈的状态,这种运算方法称为梯形图的逻辑解算。它是按从左到右、从上到下的顺序进行的。在 PLC 的扫描过程中,解算的结果可以直接被后面的逻辑解算所利用。

2. 梯形图的设计原则

(1) 自上而下,从左向右;

(2) 左沉右轻,上沉下轻;

(3) 线圈不能与左母线直接相连;

(4) 同一梯形图中,同一编号的触点可以无限次使用;

(5) 同一梯形图中,同一编号的线圈只能使用一次;

(6) 连续串、并联触点的次数没有限制;

(7) 同一逻辑行控制的多个线圈,只允许并联输出;

(8) 触点不能放在垂线上。

三、PLC 控制系统电路图识读

1. PLC 控制系统电路图识读方法

除工作方式之外,PLC 控制系统与传统的继电器控制系统有很多相似之处,应按以下基本方法分步识读。

(1) 系统分析

根据控制系统要完成的控制任务,对被控对象的工艺过程、输出物理量的类型进行分析,明确控制的各个阶段、各阶段的特点以及各阶段的转换条件,画出完整的工作流程图和各执行元器件的状态转移表。

(2) 看 PLC 所控制的主电路

了解工艺流程和对应的执行装置或元器件。

(3) 看 PLC 控制系统的 I/O 配置或 I/O 接线图

了解输入/输出信号所对应的输入/输出继电器的配置及其所接的负载,在没有给出输入/输出设备定义和 PLC 的 I/O 配置的情况下,应根据 PLC 的 I/O 接线图,分配输入/输出设备及 PLC 的 I/O 配置。

(4) 通过 PLC 的 I/O 接线图了解梯形图

PLC 的 I/O 接线图是连接主电路和 PLC 梯形图的纽带,应先根据用电器(如电动机、电磁阀、电加热器等)、主电路控制电气(接触器、继电器)主触点的文字符号,在 PLC 的 I/O 接线图中找出相应编程元器件的线圈,明确控制该控制电器的输出继电器;然后在梯形图或语句表中找到该输出继电器的程序段,并做出标记和说明;最后根据 PLC 的 I/O 接线图的输入设备及其相应的输入继电器,在梯形图(或语句表)中找出输入继电器的动合触点、动断触点,并做出相应标记和说明。

(5) 采用查线法识图

查线法是用铅笔做出读图的状态变化图。例如,当某一输入信号存在时,就可以把其对应输入继电器的触点画成一直线,表示接通。读图过程同 PLC 扫描用户程序的过程一样,从左到右、自上而下逐线(支路)扫描。

(6) 观察状态转换流程图

状态转换流程图的识读应结合生产工艺流程加注具体步骤名称。梯形图上的继电器是软继电器,在 PLC 内部并没有继电器的实体,只有寄存器中的触发器。根据计算机对信息的"存取"原理,可读出触发器的状态或在一定条件下改变它的状态。对软继电器线圈的定义只能有一个,而对其触点状态可无数次地读取(即存在无数个触点),既有动合状态又有动断状态。

(7) 辨别逻辑关系

梯形图上的连接代表各"触点"的逻辑关系,PLC 内部不存在这种连线,它是通过逻辑运算来表征这种逻辑关系的。与继电器接触器控制电路图的实体连接电路不同,梯形图中"触点"或支路的接通,不存在电流的实际流动,只表示该支路的逻辑运算取值或结果为"1"。为理解 PLC 的周期扫描工作原理和信息存储空间的分布规律,在看梯形图时可想象有一个单方向(从左向右、自上而下)的"能量流"在流动,这也是查线法的规则。

(8) PLC 相关知识积累

在分析 PLC 控制系统电路前,应掌握梯形图符号、时序图及功能说明等基础知识,牢记梯形图上的 PLC 助记符号和有关指令系统。

2. PLC 控制系统电路识读分析

(1) 电动机单向启动控制电路如图 4-31 所示,其 I/O 地址分配见表 4-1。

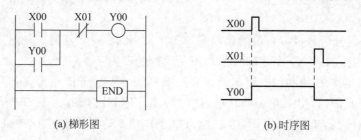

(a) 梯形图   (b) 时序图

图 4-31 电动机单向启动控制梯形图和时序图

表 4-1 电动机单向启动控制 I/O 地址分配表

输	入	输	出
启动按钮	X00	交流接触器 KM 线圈	Y00
停止按钮	X01		

该控制电路只有一个逻辑行。X00 接通时，Y00 线圈得电，其动合触点闭合，实现自锁控制，保证 Y00 线圈持续得电；直到 X01 动作，其动断触点断开，使 Y00 线圈失电，Y00 动合触点复位，自锁解除。

时序图能够全面地反映整个控制电路的控制功能，即启动按钮瞬间接通，输出继电器 Y00 接通，直到停止按钮动作，Y00 的动作结束。

（2）延时接通控制电路如图 4-32 所示，其 I/O 地址分配见表 4-2。

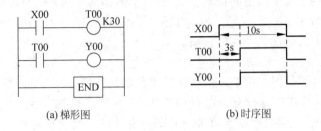

(a) 梯形图	(b) 时序图

图 4-32　延时接通控制梯形图和时序图

表 4-2　延时接通控制 I/O 地址分配表

输	入	输	出
动作开关	X00	输出线圈	Y00

图 4-32 中控制电路的两个逻辑行的作用及动作过程如下。

① 第 1 逻辑行。第 1 逻辑行的作用是实现定时器线圈的控制。X00 接通时，T00 线圈得电，定时器开始计时。

② 第 2 逻辑行。第 2 逻辑行的作用是实现对输出线圈的延时控制。定时器 T00 计时 3s 后，T00 的动合触点闭合，Y00 线圈得电；直到 X00 触点断开，T00 线圈失电，其动合触点复位，Y00 线圈失电。

时序图能够全面地反映整个控制电路的控制功能，即动作开关接通 3s 后，输出线圈对外输出。

（3）普通闪光信号报警系统的梯形图如图 4-33 所示，其 I/O 地址分配见表 4-3。

图 4-33 中控制系统 7 个逻辑行的作用及动作过程如下。

① 第 1、2 逻辑行的动作。第 1 梯级和第 2 梯级主要用于产生振荡信号。当过程参数温度或压力超限时，X01 或 X02 接通，计时器 T1 开始计时，0.5s 后 T1 动作；T1 的动合触点接通，计时器 T2 开始计时，0.5s 后 T2 动作；T2 动断触点断开，使计时器 T1 线圈断电；T1 的动合触点恢复原来的断开状态，计时器 T2 线圈同时失电；T2 的动断触点恢复原来的闭合状态，计时器 T1 又重新开始计时，如此循环往复。当过程参数恢复正常时，停止振荡。

② 第 3 逻辑行的动作。当温度参数超限时，X01 接通，温度报警指示灯点亮；经 T1 的 0.5s 计时后，灭掉；再经 T2 的 0.5s 计时，温度报警指示灯再次闪亮，如此循环。

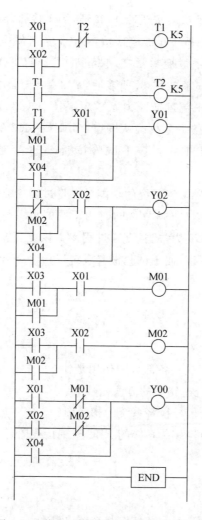

图 4-33 普通闪光信号报警系统的梯形图

表 4-3 普通闪光信号报警系统 I/O 地址分配表

输 入		输 出	
元器件	地址	元器件	地址
温度上限传感器	X01	电铃	Y00
压力下限传感器	X02	温度报警指示灯	Y01
确认按钮	X03	压力报警指示灯	Y02
试验按钮	X04		

③ 第 4 逻辑行的动作。当压力参数超限时,X02 接通,压力报警指示灯点亮;经 T1 的 0.5s 计时后,灭掉;再经 T2 的 0.5s 计时,压力报警指示灯再次闪亮,如此循环。

④ 第 5 逻辑行的动作。按下事故确认按钮 X03 时,内部继电器 M01 接通并保持; M01 的动合触点闭合,使温度指示灯变为常亮(只亮不闪),直到温度参数恢复正常,X01

复位,温度指示灯熄灭。按下试验按钮,X04 接通,Y01 接通,温度指示灯应点亮。

⑤ 第 6 逻辑行的动作。按下事故确认按钮 X03,内部继电器 M02 接通并保持;M02 的动合触点闭合,使压力指示灯变为常亮(只亮不闪);直到压力参数恢复正常,X02 复位,压力指示灯熄灭。按下试验按钮,X04 接通,Y02 接通,压力指示灯应点亮。

⑥ 第 7 逻辑行的动作。温度或压力参数超限且未按事故确认按钮时,输出继电器 Y00 接通,电铃发出响声;按下事故确认按钮,M01 或 M02 的动断触点动作,输出继电器 Y00 断开,电铃不再发出响声。按下试验按钮,X04 接通,Y00 接通,电铃仍发出响声。

综上所述,普通闪光信号报警系统的功能是一旦过程参数(温度或压力)超限,立即进行报警,即灯光闪烁并伴有电铃的响声,同时用不同的报警灯来区别报警点。按下确认(消音)按钮后,电铃不响,灯变为常亮,直到过程参数恢复正常后灯才熄灭。按下试验按钮,指示灯全亮,电铃发出响声,便于试验报警系统进行检查。

 知识回顾

(1) PLC 的定义是什么?
(2) PLC 由哪几部分组成? 各部分的作用是什么?
(3) 识读 PLC 控制系统电路图的方法是什么?
(4) 如何识读普通闪光信号报警系统的梯形图?
(5) 识读电动机直接启停控制系统的 PLC 外围接线图。

 能力夯实

识读并分析如图 4-34 所示的 PLC 控制系统电路图。

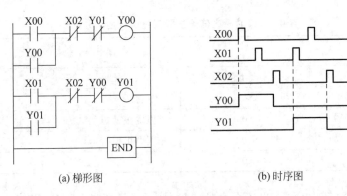

(a) 梯形图　　　　　　(b) 时序图

图 4-34　PLC 控制系统电路图

4.5 建筑电气平面图

学习要点

了解建筑电气工程图的用途与特点；了解建筑照明平面图的识读内容；理解建筑电气工程图制图规则；掌握建筑电气工程图的识读步骤；能够识读建筑照明平面图。

知识链接

建筑电气工程施工中，电气设备和线路的安装位置、安装接线和安装方法应按图样要求进行。电气系统图和电路图只能提供电气设备的供电方式、工作原理、设备内部的接线情况等信息；电气设备和线路的平面布置情况以及设备从安装到运行管理，都应采用建筑电气平面图，它体现了项目的实际位置，是施工安装和电气运行维修的重要依据。

建筑电气平面图是用图形符号表示一个区域或一个建筑物内的电气成套装置、设备等组件和元器件的实际位置及通过导线的连接表明供配电关系的图样。其中，各电气设备或元器件的图形符号旁应标出该设备或元器件的编号、容量、数量、型号规格和安装方法；连接线上应标注导线的敷设方式、敷设部位以及安装方式。

一、建筑电气工程图的特点

建筑电气工程施工中，常用的电气工程图有系统图、位置简图（施工平面图）和电路图（控制原理用）等。建筑电气工程图是建筑电气工程造价和安装施工的重要依据，识读时应考虑它的以下几个特点。

1. 图形符号和文字符号的统一

因构成建筑电气工程的设备、元件和线路很多，结构类型不一，安装方法各异，因此建筑电气工程图大多数是采用统一的图形符号并加注文字符号绘制的简图。识读建筑电气工程图时，应明确和熟悉这些图形符号所表示的内容、含义以及它们之间的相互关系。

2. 封闭的回路

电气工程图应能构成闭合的回路，以确保电气设备的正常运行，这是判断电气工程图正误的首要条件。一个完整的电路应由电源、用电设备、导线和开关控制设备四个基本要素组成。

3. 相关联元器件的安装位置

建筑电气工程图中的电气设备、元器件等是通过导线连接起来构成一个整体的。相互关联的两个电气设备的安装位置可能相距很远，也可能不在同一张图纸上，读图时应将各种有关的图纸联系起来，对照阅读，通过系统图、电路图找出其中的联系；通过布置图、连线图找位置；交错阅读，提高读图的效率。

4. 与土建及安装工程的关系复杂

建筑电气工程施工应与主体工程(土建工程)及其他安装工程(给排水管道、供热管道、采暖通风的空调管道、通信线路、消防系统及机械设备等安装工程)施工相互配合,避免与建筑结构图及其他安装工程图发生冲突。特别是暗敷的线路、各种电器预埋件及电气设备基础,更应注意与土建工程的密切关系。因此,阅读建筑电气工程图时,应充分阅读相关的土建工程图、管道工程图,以了解相互之间的配合关系。

5. 施工规范、规程的校准化

建筑电气工程图中,设备的安装方法、质量要求及使用、维修等方面的技术要求在相关的国家标准和规范、规程中都有明确的规定。

6. 投影法绘图

建筑电气工程的位置简图(施工平面布置图)是通过用图形符号表示电气设备或装置,并采用投影法绘制的。而投影法在平面图中无法反映空间高度,只能通过文字标注或文字说明表达相关信息。因此,读图时应先建立起空间立体概念。

7. 图形符号不代表设备实际尺寸和位置

电气工程图中的图形符号不能说明设备的尺寸,设备的尺寸应通过阅读设备手册或设备说明书获得;图形符号绘制的位置只代表设备出线端口的位置,安装设备时应根据实际情况进行准确的定位。

二、建筑电气工程图制图规则

建筑电气工程图在选用图形符号时,应遵循以下规则。

(1) 在不改变其含义的前提下,图形符号的大小和方位可根据图面布置确定,图形符号中的文字和指示方向应符合读图要求。

(2) 大多数情况下,图形符号的含义由其形式决定,符号的大小和图线的宽度一般不影响符号的含义;为强调某些方面或便于补充信息,允许采用不同大小的图形符号,也可改变彼此关联的符号尺寸,但符号间及符号本身的比例应保持不变。

(3) 在满足需要的前提下,尽量采用最简单的形式。对于电路图,应采用完整形式的图形符号来详细表示。

(4) 同一张电气图样,只能选用一种图形形式,图形符号的大小和线条的粗细应基本一致。

三、建筑电气工程图的识读步骤

识读建筑电气工程图前,应先熟悉电气图的表达形式、通用画法、图形符号、文字符号和建筑电气工程图的特点,然后按照了解情况、重点细看、查找大样、细查规范的顺序识读图纸,最后重点阅读。具体步骤如下。

1. 看标题栏及图纸目录

了解工程的名称、项目内容、设计日期及图纸数量等相关内容。

2. 查看总说明

了解工程总体概况及设计依据,了解图纸中尚未表达清楚的有关事项,如供电电源的来源、电压等级、线路敷设方法、设备安装高度及安装方式、补充使用的非国标图形符号、施工时应注意的事项等。分项的局部问题有时在分项工程图纸上说明,因此看图纸应先看设计说明。

3. 识读系统图

各分项工程的图纸中都包含有系统图,如变配电工程的供电系统图、电力工程的电力系统图、照明工程的照明系统图以及电缆电视系统图等。识读系统图的目的是了解系统的组成、主要电气设备、元器件等连接关系及其规格、型号、参数等信息,以便于掌握该系统的组成概况。

4. 阅读平面布置图

平面布置图是建筑电气工程图纸中比较重要的图纸之一,是编制工程预算和施工方案的依据。变配电所的电气设备安装平面图、电力平面图、照明平面图、防雷和接地平面图等,都是用来表示设备安装位置、线路敷设及所用导线型号、规格、数量、电线管的管径大小等的图纸。平面布置图的识读顺序为:进线→总配电箱→支线→用电设备。

5. 详解电路图

电路图能清楚地表明各系统中用电设备的电气控制原理,便于指导设备的安装和控制系统的调试工作。电路图多采用功能布局法绘制,读图时应根据功能关系从上至下或从左到右仔细阅读。提前熟悉和了解电路中各电气的性能和特点,有助于读懂图纸。

6. 细查安装接线图

从了解设备或电气的布置与接线入手,并配合电路图阅读,进行控制系统的配线和调校工作。

7. 观看安装大样图

安装大样图是详细表示设备安装方法的图纸,是进行安装和编制工程材料计划时的重要参考图纸。对于初学安装者更显重要,安装大样图多采用全图通用电气装置标准。

8. 了解设备材料表

设备材料表提供了工程所使用的设备、材料的型号、规格和数量,是编制购置设备、材料计划的重要依据之一。

为更好地利用图纸指导施工,使安装施工质量符合要求,还应阅读有关施工及验收规范、质量检验评定标准,以便详细了解安装技术要求,保证施工质量。

四、建筑电气照明平面图识读

建筑电气平面图按功能可划分为厂区(生活区)电气线路平面图、变配电所平面图、防雷接地装置平面图、车间配电、照明配置、火灾报警、电缆电视、通信广播平面图等。

1. 建筑照明平面图识读内容

(1) 灯具、插座、开关的位置、规格型号、数量,控制箱的安装位置及规格型号、台数,从控制箱到灯具插座、开关安装位置的管路(包括线槽、槽板、照明线路等)的规格、走向及导线规格、型号、根数和安装方式,以及上述各元器件的标高及安装方式和各户计量方法等。

(2) 电源进户位置、方式、线缆规格型号、第一接线位置及引入方式,总电源箱规格型号及安装位置,总箱与各分箱的连接形式及线缆规格型号。

(3) 核对系统图与照明平面图的回路编号、用途名称、容量及控制方式(集中、单独控制)是否相同。

(4) 建筑物为多层结构时,上下穿越的线缆敷设方式(管、槽、竖井等)及其规格型号、根数、走向、连接方式(盒内、箱内等);单层结构的不同标高下的上述各有关内容及平面布置图。

(5) 系统采用的接地保护方式及要求。

(6) 采用明装线路时,导线或电缆弯曲角度、绝缘子规格型号、钢索规格型号、支柱塔架结构、电源引入及安装方式、控制方式及对应设备开关元器件的规格型号等。

(7) 其他特殊照明装置的安装要求及布线要求、控制方式等。

(8) 建筑工程的层高、墙厚、抹灰厚度、开间布置以及梁、窗、柱、梯井、厅的结构尺寸、装饰结构形式及其要求等土建资料。

(9) 各类机房照明要求及上述有关内容。

(10) 各类特殊环境照明布置要求及上述有关内容。

2. 建筑照明平面图识读分析

某实验办公楼底层照明平面图如图 4-35 所示,该平面图采用定位轴线确定图上各符号的位置:水平方向定位轴线间距离为 4000mm,垂直方向定位轴线间距离为 6000mm,且 B 轴线后加标记为 1/B 的辅助轴线。图中,墙体、门、窗等建筑构件以细线绘制,电气线以粗线绘制。

(1) 电源

电源为 3N-380V/220V(三根火线一根零线),由室外电缆引入照明配电箱 AL1。配电箱的电源进线和配出的线路均绘在制图形符号的长边。

(2) 接地

进户线有一组设三根接地极的重复接地装置。根据定位轴线尺寸可知,接地极与接地极之间的距离为 5m,接地极与墙面之间的距离为 3m,重复接地电阻 $R=10\Omega$。

(3) 由 AL1 照明配电箱配出 9 条支线,编号分别为 WL1～WL9

① WL1、WL2、WL3 构成三相四线系统,向所有房间带接地插孔的三相插座供电。

② WL4 回路上分别装设有分析室的 3 盏荧光灯,仓库的 1 盏防水防尘灯,西走道的 2 盏防水防尘灯和 1 盏天棚灯,生化实验室的 4 盏防水防尘灯和 2 台风扇。

③ WL5 回路上分别装设有东面走道的 4 盏天棚灯,浴室的 2 盏防水防尘灯和 1 盏天棚灯,更衣室的 1 盏荧光灯,物理实验室的 4×2 盏荧光灯和 2 台风扇。

④ WL6 回路向上配线,装设中厅的 1 盏花灯、门廊处 2×2 盏壁灯和 1 盏天棚灯。

⑤ WL7 经 220V/36V 变压器后提供安全电压。

⑥ WL8、WL9 支线向上配线。

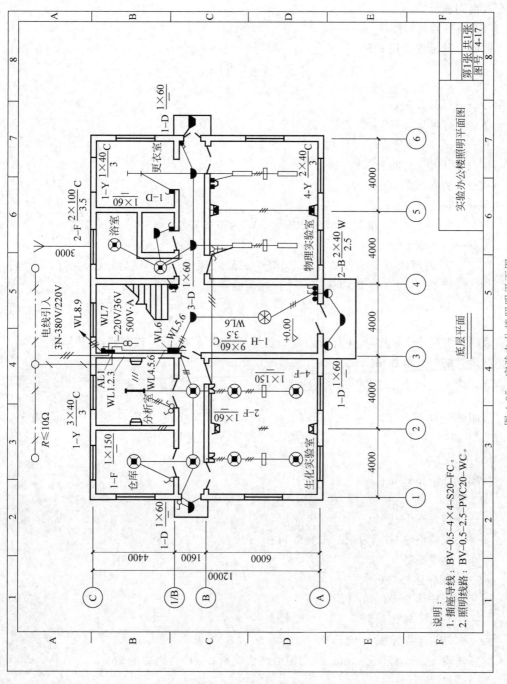

图 4-35　实验办公楼照明平面图

（4）开关安装方式

控制灯具的开关采用暗装单联开关,生化实验室和仓库等处的开关明装。风扇都装设有风扇调速开关。

（5）照明器具的标注

照明灯具标注的格式是:

$$a—b\frac{c\times d\times L}{e}f$$

式中,a——灯具数量;

　　b——灯具型号(Y 为荧光灯;B 为壁灯;D 为吸顶灯);

　　"—"——吸顶安装;

　　c——每盏灯具的光源数量;

　　d——光源安装容量;

　　e——安装高度(m);

　　f——安装方式(C 和 L 为链吊式安装;W 为壁式安装;X 为线吊式安装);

　　L——光源种类。

图 4-35 中与照明有关的设备有灯具、开关、插座、风扇,灯具有荧光灯、花灯、防水防尘灯、壁灯、天棚灯,且各灯具均有标注。物理实验室灯具标注为

$$4—Y\frac{2\times 40}{3}C$$

表明该室有 4 个灯具,每个灯具内有 2 只 40W 的荧光灯,链吊式安装,安装高度为 3m。

门廊处的灯具标注格式是

$$2—B\frac{2\times 40}{2.5}W \quad 和 \quad 1—D\frac{1\times 60}{—}$$

表明该处有 2 个灯具,每个灯具有 2 只 40W 的壁灯,壁式,安装高度为 2.5m;此外,还有 1 只 60W 的吸顶灯。安装高度处有"—"符号,说明是吸顶安装。

（6）线缆标注

线缆标注的格式是:

$$ab—c(d\times e+f\times g)i—jh$$

式中,a——线缆参照代号;

　　b——线缆型号(BV 为铜芯塑料线);

　　c——电缆根数;

　　d——相导体根数;

　　e——相导体截面(mm^2);

　　f——PE、N 导体根数;

　　g——PE、N 导体截面(mm^2);

　　i——敷设方式和管径(mm)(FC 为沿地面暗敷;WC 为沿墙暗敷);

　　j——敷设部位;

　　h——安装高度(m)。

图 4-35 中,插座导线标注为

$$BV—0.5—4\times 4—S20—FC$$

表示插座导线采用电压等级为 0.5kV 的 4 根铜芯塑料线,截面都是 $4mm^2$,穿在管径为 20mm 的钢管中沿地面暗敷。

其他照明线路线缆标注为

$$BV—0.5—2.5—PVC20—WC$$

表明照明线路选用铜芯塑料线,电压等级为 0.5kV,截面为 2.5mm,导线穿在管径为 20mm 的硬质塑料管中沿墙暗敷。

 知识回顾

(1) 识读建筑电气工程图应考虑哪几个特点?

(2) 简述建筑电气工程图的识读步骤。

(3) 简述电气工程图的制图规则。

(4) 简述照明平面图的识读内容。

(5) 如何使用数字代码?

 能力夯实

某住宅建筑电气照明平面图如图 4-36 所示。识读并分析照明线路的安装路径、照明线路连接导线的截面及根数和照明灯具的型号含义。

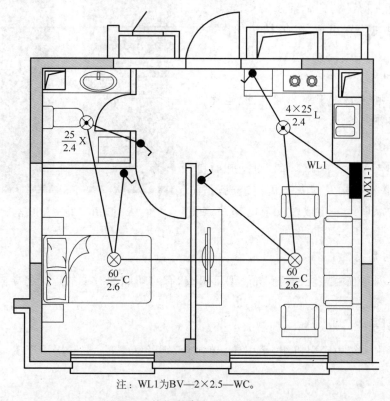

注:WL1为BV—2×2.5—WC。

图 4-36 某住宅建筑电气照明平面图

4.6 电梯控制电路图

 学习要点

了解电梯的组成结构及功能；了解电梯的基本工作原理；了解 PLC 控制电梯电路的原理；理解电梯电气元器件及电气装置的种类、作用及特点；掌握电梯控制电路的识读方法；能够识读电梯控制电路图。

  知识链接

电梯是一种载人、载物的理想工具，广泛用于宾馆、商场超市、机关、高层住宅等高层建筑。作为垂直升降机的一种，电梯多采用电力拖动，使用 PLC 和单片机进行控制。

一、电梯的组成结构及功能

交流电梯或直流电梯主要由机械系统和电气控制系统两大部分组成。除此之外，还要有电梯专用井道、机房等。电梯的机械系统一般由桥厢、门系统、导向系统、牵引系统、对重系统及限速装置组成，外形结构如图 4-37 所示。

图 4-37 电梯外形结构

1. 轿厢

电梯轿厢主要用于乘客乘机、载运货物，是电梯的主要设备。

2. 门系统

电梯门系统主要由电梯门、自动开门机、门锁、层门联动机构及门安全机构组成，是防止乘客和物品坠入井道或轿厢与电梯井道相撞而发生危险的安全保护设施。

3. 导向系统

电梯导向系统由导轨、导靴、导轨架等组成，有对轿厢和对重的运行起导向和防止摆动的作用。

4. 牵引系统

电梯牵引系统由牵引机组、牵引轮、导向轮、钢丝绳组成，主要用于产生动力并进行传送。

5. 对重系统

电梯对重系统由对重和平衡补偿装置组成,其作用是平衡轿厢自重及载重量。

6. 限速装置

电梯限速装置由安全钳和限速器组成,起到限制电梯轿厢的运行速度的作用。

二、电梯的基本工作原理

1. 电梯动作原理

从性质上,电梯的控制可分为两个方面:一方面是电梯拖动系统的控制,它以速度给定曲线为依据,利用模拟或数字控制装置,根据牵引电动机的不同调速方式构成闭环或开环的速度控制系统;另一方面是电梯的逻辑控制,也称电梯的操纵,主要是对电梯的空间距离、位置、时间、启停等逻辑关系进行综合处理,其性能决定电梯的自动化程度。

牵引式电梯是靠牵引力实现相对运动的。安装在机房内的电动机通过减速箱、制动器等组成的牵引机,使牵引钢丝绳通过曳引轮,一端连接轿厢,另一端连接对重装置,轿厢与对重装置的重力使牵引钢丝绳压紧在牵引轮槽内,这样电动机一转动就带动牵引轮转动,驱动钢丝绳,拖动轿厢和对重做相对运动。即轿厢上升,对重下降;轿厢下降,对重上升。于是轿厢就在井道中沿导轨上、下往复运行,电梯就能执行竖直升降的任务。

2. PLC控制的电梯

PLC控制的电梯电路外部接线如图4-38所示。

与其他类型的电梯控制系统一样,电梯的PLC控制系统也由信号控制系统和拖动控制系统两大部分组成。系统的核心是PLC主机,操纵盘、呼梯盒、井道及安全保护等装置的信号与PLC的输入接口相连,CPU通过周期扫描方式将这些信号输入,运行固化在存储器的控制程序,运算结果通过PLC的输出接口向指层器及召唤指示灯等发出显示信号,并向主拖动和门机控制系统发出控制信号。

(1)信号控制系统

电梯信号控制基本由PLC软件实现,绝大部分继电器已被PLC取代。输入PLC的控制信号包括运行方式选择(如自动、有电梯司机、检修、消防运行方式等)、运行控制、内指令、外召唤、安全保护、井道信息或旋转编码器光电脉冲、开关门信号控制系统的所有功能等。如召唤信号登记、轿厢位置判断、选层定向、顺向截梯、反向截梯、信号及安全保护、换速、平层、开关门、电梯自动运行过程等均为程序控制。

(2)交流电梯拖动控制系统

PLC控制的交流电梯拖动系统的主电路及调速装置与继电控制系统略有不同,主要区别是拖动系统的工作状态及部分反馈信号应先送入PLC,再由PLC向拖动系统发出速度指令切换、启动、运行、换速、平层等控制信号。交流双速电梯的加速及三级减速制动电阻切换的时间,均由PLC内部定时器控制。PLC程序根据召唤信号定向,实现快车启动运行、慢车减速制动。

不同种类的交流调速电梯用PLC实现控制的方法也不相同。PLC可直接对电梯的运行方向进行控制,检修运行及快车运行控制PLC发出的换速信号使主拖动电路由快速

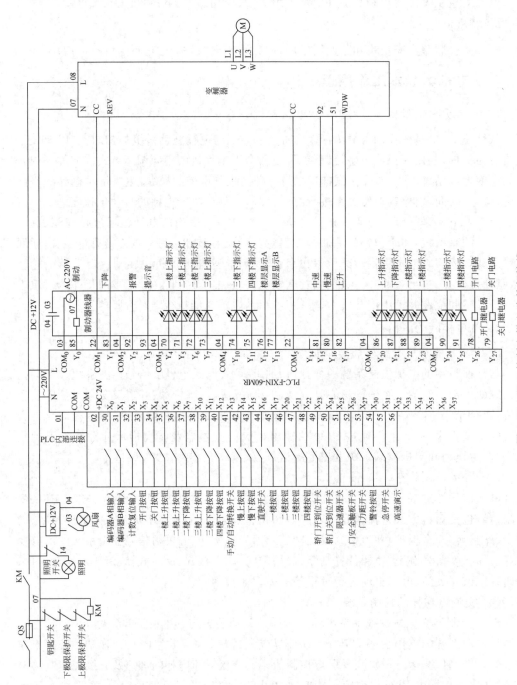

图 4-38 PLC 控制电梯电路外部接线

运行切换到减速制动状态,同时换速信号输入调速器,由设定好的减速运行曲线通过速度调节器控制制动电流,并通过速度或位置检测进行闭环控制,直到零速,再由调速器向PLC发出零速信号,PLC控制制动器,使电梯停车。

三、电梯电气元器件及电气装置

电气元器件是一种控制电能的器具或电气设备,在电梯设备中广泛应用于电气传动和自动设备中。控制电梯的按钮、开关、熔断器、继电器、接触器等均属于电梯电气元器件。

电器能根据外界的信号或人们的要求,自动或手动地接通或断开电路、断续或连续地改变电路的参数(如电阻、电感等),实现对电路(如电动机)或非电对象(如温度、压力控制)的切换、控制、检测和保护。例如,通过接触器对曳引机的启动、制动、正、反转运行控制;使用按钮、继电器等对呼梯召唤信号进行登记、显示、销号的控制;采用热继电器或电流继电器对电动机进行过载保护等。

1. 永磁继电器

永磁继电器包括干簧继电器、水银湿式舌簧继电器、铁氧体剩磁式舌簧继电器等,具有吸合功率小、灵敏度高、触点寿命长、过载能力低和耐压低的特点。永磁继电器常指干簧继电器,其触点密封在玻璃管中,防止尘埃污染,避免触点的电腐蚀,增强可靠性。

干簧感应器由非导磁外壳、永久磁铁和干簧管三部分组成,用来反映非电信号、非限位及远程控制和非电量检测等。电梯中常采用干簧感应器作为上、下层传感器或换速传感器。干簧管通过永磁体进行驱动,就构成了干簧感应器。干簧管结构如图4-39所示,未放入永久磁铁时,由于没有外力的作用,干簧管触点1和2断开,触点2和3闭合。永久磁铁放入感应器后,舌簧片受磁

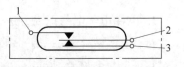

图4-39 干簧管结构
1—动合触点;2—中间切换触点;
3—动断触点

化作用使触点1和2闭合,触点2和3断开,这相当于电磁继电器得电吸合动作。

电梯的平层装置通常就是利用固定在轿厢上和井道中的上下平层干簧感应器和隔磁板之间互相配合,进行位置检测,实现轿厢准确平层停靠的。常用的有YC-2型永磁感应器。

2. 主令电器

主令电器是专门发送动作命令的电器,用于切换控制电路。主令电器可以直接控制或通过中间继电器间接控制电梯的运行状态(如检修、自动运行等)或控制电动机的启动、运转、停止等。主令电器多为手动操作,选用时应注意其电气性能、机械性能、结构特点和使用场合等基本要求。主令电器的主要技术数据有额定电压、额定电流、通断能力、允许操作频率、电气和机械寿命、控制触点的编组和触点的关合顺序等。

常用的主令电器有按钮开关和行程开关两种。

(1)按钮开关

按钮开关由按钮、复位弹簧、触点、外壳及支持连接部分组成,用于发出信号及电气联锁电路。按钮开关分为开启式、保护式、钥匙式、防水式、旋转式、紧急式、带灯式等多种

类型。

（2）行程开关

行程开关是根据运动部件的运程位置而切换电路的电器，根据安装位置和作用的不同，也被称为限位开关或极限开关。电梯的开、关门限位开关常采用滚轮式行程开关。

3. 熔断器

熔断器是当流过熔体的电流超过限定值，利用熔体熔化作用而切断电路的保护电器，主要用于电路的短路和过载保护。熔断器由熔断体（简称熔体）、熔断管两部分组成，额定电流较大的熔断器还有触点插座和绝缘底板。熔体是熔断器的主要组成部分，常做成丝状或片状。

熔断器有多种分类方式。按结构，可分为开启式、封闭式和半封闭式熔断器；按支架结构，可分为有填料管式、无填料管式和有填料螺旋式熔断器，填料式熔断器采用石英砂等材料以增强灭弧能力；按熔体形状，分为丝状、片状和笼状熔断器；按热惯性（发热时间常数），分为大、小、无热惯性熔断器三种，热惯性越小，熔化越快。

四、电梯电气电路图识读

1. 电梯电气电路识读方法

（1）阅读图纸相关技术说明

根据图上标题栏和电梯装置代号说明，了解控制电路的作用及图上各电器装置的名称和功能。

（2）分析电梯电气电路图

按控制功能，将电路图拆分成简单的电气控制回路，分析各控制回路的组成及动作过程。

（3）识读顺序

按自上向下，自左向右的原则，识读电梯电气图。

2. 电梯电气电路识读分析

某电梯主回路控制如图 4-40 所示，图中所用电器装置符号及说明，见表 4-4。

该电梯主回路分为主电动机电源回路、位置和速度信号检测、再生放电电阻和抱闸电路电磁制动装置四部分。

（1）主电动机电源回路控制

闭合总开关 K00，运行接触器 K06 和 K06.1，电流经过电抗器 L03 和滤波器 Z03 进入变频器 G03 的输入端，控制主电动机 M01 启动运行。

（2）位置和速度信号检测控制

位置和速度信号的检测控制由旋转编码器 B03 完成。与主电动机 M01 同轴旋转的编码器运行时，产生的脉冲信号送到变频器 G03 的输入端 TM1 插座。

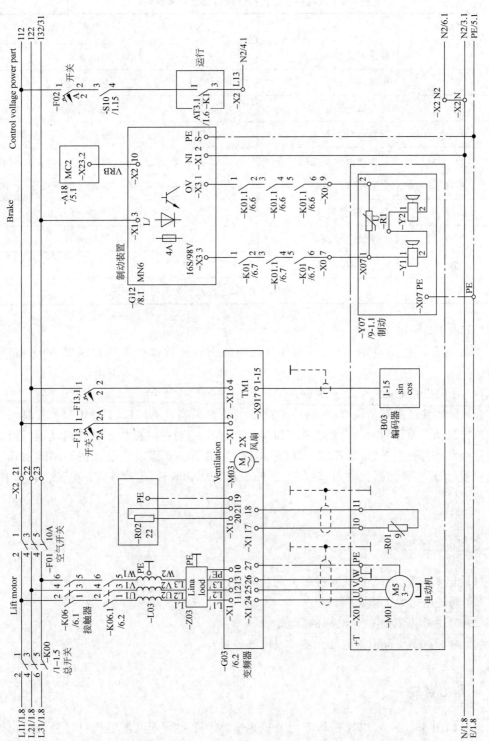

图 4-40　某电梯主回路

表 4-4 某电梯主回路控制电器装置符号说明

文字符号	说　明	文字符号	说　明
A18	微处理器（MC）	L	电感器
A73	相序继电器	M01	驱动电动机
B03	选层脉冲发生器	M03	变频器风扇
F13	变频器单相开关	N	放大器
F02	单相交流控制电压 AC	R	电阻器
G03	变频器	X01	终端盒机器
G12	制动/信息部分	X	终端、插头、插座
K00	电源继电器线圈	Y07	制动检测
K01	运行继电器线圈	Z	滤波器
K06	运行继电器线圈（三相交流驱动、控制）		

（3）再生放电电阻控制

主电动机 M01 启动的同时，经再生放电电阻 R0，变频器内部冷却风扇 M03 启动运行。

（4）抱闸电路电磁制动装置控制

在抱闸电路电磁制动装置中，制动装置 G12 受控制装置 A18（微机 MC2）的控制，控制的执行制动元器件为制动电磁铁 Y1 和 Y2，即 Y07 制动检测机构。电梯启动运行时，运行接触器动合触点 K01 及 K01.1 接通，电磁铁 Y1 及 Y2 得电后电动机松闸并启动。到站停车时，运行接触器失电，其动合触点 K01 及 K01.1 断开，电磁铁 Y1 及 Y2 失电，电动机抱闸停车。

 知识回顾

（1）电梯由哪几部分组成？各部分的功能是什么？
（2）简述电梯的工作原理。
（3）简述 PLC 控制电梯电路的原理。
（4）电梯有哪些常用的电气元器件及电气装置？

 能力夯实

识读如图 4-41 所示电梯轿厢照明及风扇电路。图中所用电器装置符号及说明，见表 4-5。

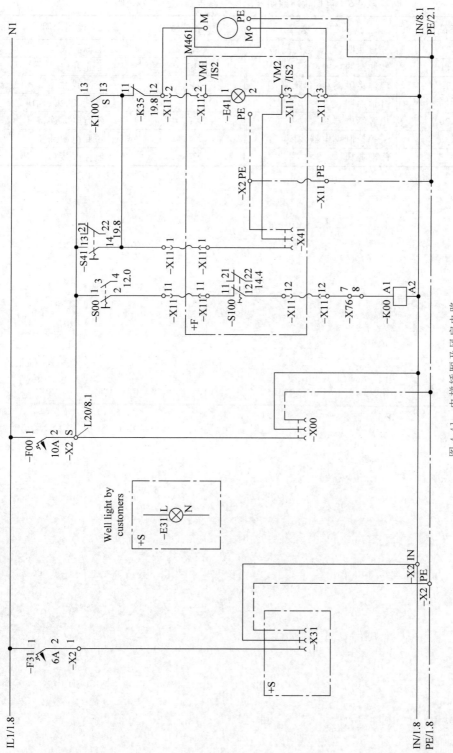

图 4-41 电梯轿厢反风扇电路

表 4-5　电梯轿厢照明及风扇电路电器装置符号说明

文字符号	说　　明	文字符号	说　　明
E31	井道照明(灯＋电源插座)	S00	电源开关
E41	轿厢照明	S100	停止开关
F00	电源接触器/轿厢照明	V	主分线盒
F31	井道照明	X	终端、插头、插座
K00	电源继电器线圈	X11	随行电缆连接
K35	关掉控制继电器线圈	X41	轿厢电源插座
M46	轿厢通风	X76	监控屏接口

附　录

电气图常用图形符号

附表 1~附表 7 列出的电气图常用图形符号参考中国标准出版社 2009 年出版的《电气简图用图形符号　国家标准汇编》。为了查阅方便,将 2001 年出版的《电气简图用图形符号　国家标准汇编》中的序号放入括号中。

附表 1　限定符号和其他常用符号(参考 GB/T 4728.2—2005)

序号	图形符号	说　　明
S01401 (02-02-03)	══	直流 电压可标注在符号右边,系统类型可标注在左边
S01403 (02-02-04)	∿	交流 频率值或频率范围可标注在符号的右边
S00069 (02-02-05)	∿50Hz	示例 交流 50Hz
S00073 (02-02-09)	∿	不同频率范围的交流 当需要用一个给定的画法来区分不同的频率范围时,
S00074 (02-02-10)	≈	可使用下述符号: 相对低频
S00075 (02-02-11)	≋	中频(音频)
		相对高频(超音频、载频或射频)
S00076 (02-02-12)	⌒⌒	具有交流分量的整流电流(当需要与整流并滤波的电流相区别时使用)
S00077 (02-02-13)	+	正极性
S00078 (02-02-14)	—	负极性
S00079 (02-02-15)	N	中性(中性线) 此中性符号在 GB/T 4026 中给出
S00080 (02-02-16)	M	中间线 此中间线符号在 GB/T 4026 中给出

序号	图形符号	说　　明
S00081 (02-03-01)		可调节性，一般符号
S00082 (02-03-02)		可调节性，非线性
S00083 (02-03-03)		可变性，内在的，一般符号 有关控制量的信息，例如电压或温度的信息可表示在贴近符号的地方
S00084 (02-03-04)		可变性，内在的，非线性
S00085 (02-03-05) S00086 (02-03-06)		预调 允许调节的条件可标注在符号旁 示例： 仅在电流等于0时才允许预调
S00087 (02-03-07)		步进动作 可加注数字以表示步进数
S00088 (02-03-08)		表示可步进调节5步
S00089 (02-03-09) S00090 (02-03-10)		连续可变性 示例： 连续可变的预调
S00091 (02-03-11) S00092 (02-03-12)		自动控制 被控制量可标注在符号旁 示例： 自动增益控制放大器
S00093 (02-04-01)		按箭头方向的： 单向力 单向直线运动

续表

序号	图形符号	说　明
S00094 (02-04-02)		双向力 双向直线运动
S00095 (02-04-03)		按箭头方向的: 单向环形运动 单向旋转 单向扭转
S00096 (02-04-04)		双向环形运动 双向旋转 双向扭转
S00097 (02-04-05)		两个方向均受到限制的: 双向环形运动 双向旋转 双向扭转
S00098 (02-04-06)		振动(摆动)
S00099 (02-05-01)		单向传送 能量流;信号流;信息流
S00100 (02-05-02)		同时双向传送 同时发送和接收
S00101 (02-05-03)		非同时双向传送 交替发送和接收
S00102 (02-05-04)		发送 与其他符号组合使用时,如箭头所表达的意思是明确的,小圆黑点可以省略,见符号 S01128
S00103 (02-05-05)		接收 与其他符号组合使用时,如箭头所表达的意思是明确的,小圆黑点可以省略,见符号 S01127
S00104 (02-05-06)		能量从母线(汇流排)输出
S00105 (02-05-07)		能量从母线(汇流排)输入
S00106 (02-05-08)		双向能量流动
S00108 (02-06-01)	$>$	特征量值大于整定值时动作
S00109 (02-06-02)	$<$	特征量值小于整定值时动作
S00110 (02-06-03)	$\gtrless$	特征量值大于高整定值或小于低整定值时动作

续表

序号	图形符号	说　明
S00111 (02-06-04)	$=0$	特征量值等于0时动作
S00112 (02-06-05)	≈ 0	特征量值近似等于0时动作
S00113 (02-07-01)		材料,未规定类型
S00114 (02-07-02)		固体材料
S00115 (02-07-03)		液体材料
S00116 (02-07-04)		气体材料
S00117 (02-07-05)		驻极体材料
S00118 (02-07-06)		半导体材料
S00119 (02-07-07)		绝缘体材料
S00120 (02-08-01)		热效应
S00121 (02-08-02)		电磁效应
S00122 (02-08-03)		磁致伸缩效应
S00123 (02-08-04)		磁场效应或磁场相关性
S00124 (02-08-05)		延时(延迟)
S00125 (02-08-06)		半导体效应
S00126 (02-08-07)		具有电隔离的耦合效应

续表

序号	图形符号	说　　明
S00132 (02-10-01)		正脉冲
S00133 (02-10-02)		负脉冲
S00134 (02-10-03)		交流脉冲
S00135 (02-10-04)		正阶跃函数
S00136 (02-10-05)		负阶跃函数
S00137 (02-10-06)		锯齿波
S00138 (02-11-01)		纸带打印
S00143 (02-11-06)		传真
S00144 (02-12-01)	形式1	连接,例如 ——机械的 ——气动的 ——液压的 ——光学的 ——功能的 连接符号的长度取决于图形的布局
S00145 (02-12-02) S00146 (02-12-03) S00147 (02-12-04)	形式2	示例: 表示力或运动方向的机械连接 具有旋转方向指示的机械连接 该箭头应视作从连接符号的前面向里面旋转 当使用 S00144 符号太受限制时使用此符号
S00148 (02-12-05) S00149 (02-12-06)	形式1 形式2	延时动作 当运动方向是从圆弧指向圆心时动作被延时

序号	图形符号	说　明
S00150 (02-12-07)		自动复位 三角指向复位方向
S00151 (02-12-08)		自锁 非自动复位 能保持给定位置的器件
S00152 (02-12-09)		脱开自锁
S00153 (02-12-10)		进入自锁
S00154 (02-12-11)		两器件间的机械联锁
S00155 (02-12-12)		脱扣的闭锁器件
S00156 (02-12-13)		锁扣的闭锁器件
S00157 (02-12-14)		阻塞器件
S00159 (02-12-16)		离合器 机械联轴器
S00160 (02-12-17)		脱开的机械联轴器
S00161 (02-12-18)		连接着的机械联轴器
S00163 (02-12-20)		制动器
S00164 (02-12-21)		示例： 制动着的制动器
S00165 (02-12-22)		未制动的制动器
S00166 (02-12-23)		齿轮啮合
S00167 (02-13-01)		手动控制操作件，一般符号
S00168 (02-13-02)		带有防止无意操作的手动控制操作件

续表

序号	图形符号	说　明
S00169 (02-13-03)		拉拔操作
S00170 (02-13-04)		旋转操作
S00171 (02-13-05)		按动操作
S00172 (02-13-06)		接近效应操作
S00173 (02-13-07)		接触操作
S00174 (02-13-08)		紧急开关,"蘑菇头"式的
S00175 (02-13-09)		手轮操作
S00176 (02-13-10)		脚踏式操作
S00177 (02-13-11)		杠杆操作
S00178 (02-13-12)		用可拆卸的手柄操作
S00179 (02-13-13)		钥匙操作
S00180 (02-13-14)		曲柄操作
S00181 (02-13-15)		滚子操作
S00182 (02-13-16) S00183 (02-13-17)		凸轮操作 如需要,可示出一个更详细的凸轮图,也适用于仿型 样板 示例: 仿型凸轮
S00189 (02-13-23)		借助电磁效应操作

续表

序号	图形符号	说　　明
S00192 (02-13-26)		电动机操作
S00193 (02-13-27)		电钟操作
S00194 (02-13-28)		半导体操作件
S00195 (02-14-01)		液位控制
S00196 (02-14-02)		计数器控制
S00197 (02-14-03) S00198 (02-14-04)		液体控制 示例： 气流控制
S00200 (02-15-01)		接地，一般符号 地，一般符号
S00202 (02-15-03)		保护接地 此符号可代替符号 02-15-01 以表示接地连接具有专门的保护功能，例如在故障情况下防止电击的接地
S00204 (02-15-05)		等电位
S00205 (02-16-01)		理想电流源
S00206 (02-16-02)		理想电压源
S00207 (02-16-03)		理想回转器
S00208 (02-17-01)		故障或指明假定故障的位置

续表

序号	图形符号	说　　明
S00209 (02-17-02)		闪络 击穿
S00210 (02-17-03)		永久磁铁
S00211 (02-17-04)		动（如滑动）触点
S00212 (02-17-05)		测试点指示符 示例：
S00213 (02-17-06)		变换器，一般符号，例如： 能量转换器 信号转换器 测量用传感器 如果变换方向不明确可以在符号的轮廓线上用箭头标明。表示输入、输出和波形等的符号或代号，可以写进一般符号的每半部分内，以表示变换的性质
S00214 (02-17-06A)		转（变）换
S00216 (02-17-08)		模拟 此符号仅在需要将模拟信号与其他形式的信号和连接相区别时才使用
S00217 (02-17-09)		数字 此符号仅在需要将数字信号与其他形式的信号和连接相区别时才使用
S01402	DC	直流，缩写是"d.c"（小写字母和点）
S01404	AC	交流，缩写是"a.c"（小写字母和点）
S01408		功能性接地
S01409		功能等电位联结
S01410		功能等电位联结

附表2 导线和连接线（参考 GB/T 4728.3—2005/IEC 60617 database）

序号	图形符号	说　明
S00001 (03-01-01)	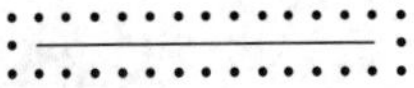	连线、连接 连线组 导线；电缆；电线；传输通路；电信线路 连接符号的长度取决于简图的布局
S00002 (03-01-02)	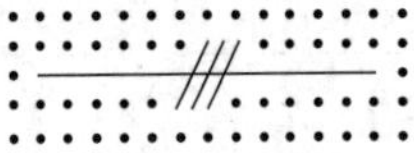 ///	导线组（示出导线数） 图中示出三根导线
S00003 (03-01-03)	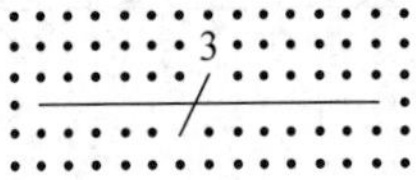 3 /	导线组（示出导线数） 图中示出三根导线
S00004 (03-01-04)	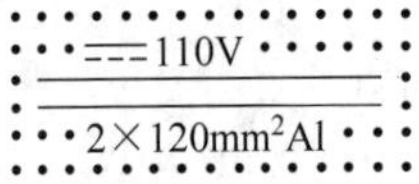 ===110V 2×120mm²Al	直流电路 110V，两根 120mm² 的铝导线
S00005 (03-01-05)	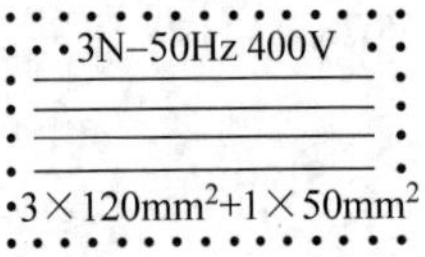 3N~50Hz 400V 3×120mm²+1×50mm²	三相电路 400V，50Hz，三根 120mm² 的导线，一根 50mm² 的中性线
S00006 (03-01-06)	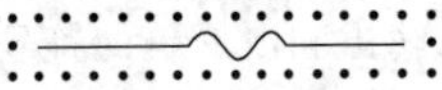	软连接
S00007 (03-01-03)	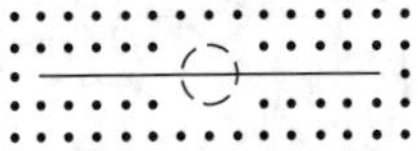	屏蔽导体
S00008 (03-01-08)	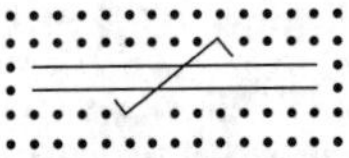	绞合导线 示出两根
S00009 (03-01-09)	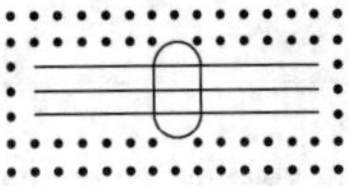	电缆中的导线 示出三根导线
S00010 (03-01-10)	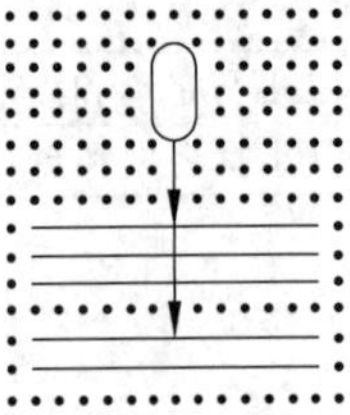	五根导线，其中箭头所指的两根在同一电缆内
S00011 (03-01-11) S00012 (03-01-12)	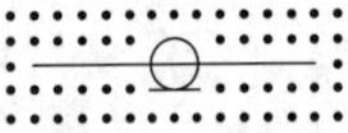 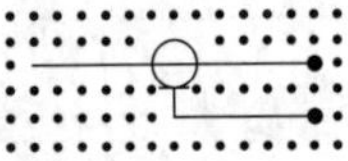	同轴对 若同轴结构不再保持，则切线只画在同轴的一边 连到端子上的同轴对

续表

序号	图形符号	说　　明
S00013 (03-01-13)		屏蔽同轴对
S00014 (03-01-14)		导线或电缆的终端,未连接
S00015 (03-01-15)		导线或电缆终端,未连接,并有专门的绝缘
S00016 (03-02-01)		连接 连接点
S00017 (03-02-02)		端子
S00018 (03-02-03)		端子板 可加端子标志
S00019 (03-02-04)		T 形连接
S00020 (03-02-05)		在符号 S00019 中增加连接符号
S00021 (03-02-06)		导线的双 T 连接
S00022 (03-02-07)		导线的双 T 连接仅在设计认为必要时使用
S00029 (03-02-16)		不切断导线的导线抽头 本符号与符号 S00019 一起表示 短线应与未切断导线的符号平行
S00030 (03-02-17)		需要专门工具的连接 本符号与符号 S00019 一起示出
S00031 (03-03-01)		阴接触件(连接器的) 插座 用单线表示法表示多接触件连接器的阴端
S00032 (03-03-03)		阳接触件(连接器的) 插头 用单线表示法表示多接触件连接器的阳端
S00033 (03-03-05)		插头和插座

序号	图形符号	说　　明
S00034 (03-03-07)		插头和插座，多极 用多线表示六个阴接触件和六个阳接触件的符号
S00035 (03-03-08)	6	插头和插座，多极 用单线表示六个阴接触件和六个阳接触件的符号
S00036 (03-03-09)		连接器，组件的固定部分 仅当需要区别连接器组件的固定部分与可动部分时采用此符号
S00037 (03-03-10)		连接器，组件的可动部分
S00038 (03-03-11)		配套连接器 本符号表示插头端固定和插座端可动
S00042 (03-03-15)		同轴的插头和插座 若同轴的插头或插座连接于同轴对时，切线应朝相应的方向延长
S00043 (03-03-16)		对接连接器
S00044 (03-03-17)	形式1	接通的连接片
S00045 (03-03-18)	形式2	接通的连接片
S00046 (03-03-19)		断开的连接片
S00047 (03-03-20)		插头和插座式连接器，阳—阳
S00048 (03-03-21)		插头和插座式连接器，阳—阴
S00049 (03-03-22)		插头和插座式连接器 有插座的阳—阳
S00050 (03-04-01)		电缆密封终端（多芯电缆） 本符号表示带有一根三芯电缆
S00051 (03-04-02)		电缆密封终端（单芯电缆） 本符号表示带有三根单芯电缆

续表

序号	图形符号	说　明
S00052 (03-04-03)		直通接线盒（多线表示） 本符号表示带有三根导线
S00053 (03-04-04)		直通接线盒（单线表示） 本符号表示带有三根导线
S00054 (03-04-05)		接线盒（多线表示） 本符号用多线表示带 T 形连接的三根导线
S00055 (03-04-06)		接线盒（单线表示）
S00056 (03-04-07)		电缆气闭套管，表示带有三根电缆 高气压侧是梯形的长边，因此保持套管气闭

附表 3　基本无源元件（参考 GB/T 4828.4—2005/IEC 60617 database）

序号	图形符号	说　明
S00555 (04-01-01)		电阻器，一般符号
S00557 (04-01-03)		可调电阻器
S00558 (04-01-04)		压敏电阻器 变阻器
S00559 (04-01-05)		带滑动触点的电阻器
S00560 (04-01-06)		带滑动触点和断开位置的电阻器
S00561 (04-01-07)		带滑动触点的电位器
S00562 (04-01-08)		带滑动触点和预调的电位器
S00563 (04-01-09)		带固定抽头的电阻器 示出两个抽头

序号	图形符号	说　明
S00564 (04-01-10)		分路器 带分流和分压端子的电阻器
S00565 (04-01-11)		碳柱电阻器
S00566 (04-01-12)		加热元件
S00567 (04-02-01)		电容器，一般符号
S00571 (04-02-05)		极性电容器，例如电解电容
S00573 (04-02-07)		可调电容器
S00575 (04-02-09)		预调电容器
S00577 (04-02-11)		差动电容器
S00579 (04-02-13)		定片分离可调电容器
S00581 (04-02-15)		热敏极性电容器 利用其热敏特性，例如陶瓷电容器
S00582 (04-02-16)		压敏极性电容器 利用其压敏特性，例如半导体电容器

续表

序号	图形符号	说　明
S00583 (04-03-01)		电感器 线圈 绕组 扼流圈 若表示带磁芯的电感器，可以在该符号上加一条平行线；若磁芯为非磁性材料可加注释；若磁芯有间隙，这条线可断开画 注：变压器绕组见 GB／T 4728.6
S00585 (04-03-03)		示例： 带磁芯的电感器
S00586 (04-03-04)		磁芯有间隙的电感器
S00587 (04-03-05)		带磁芯连续可变电感器
S00588 (04-03-06)		带固定抽头的电感器，示出两个抽头
S00589 (04-03-07)		步进移动触点可变电感器
S00590 (04-03-08)		可变电感器
S00591 (04-03-09)		带磁芯的同轴扼流圈
S00592 (04-03-10)		穿在导线上的铁氧体磁珠
S00600 (04-07-01)		具有两个电极的压电晶体
S00601 (04-07-02)		具有三个电极的压电晶体

续表

序号	图形符号	说　明
S00602 (04-07-03)		具有两对电极的压电晶体
S00603 (04-07-04)		具有电极和连接的驻极体,较长的线表示正极
S00608 (04-09-01)		延迟线,一般符号 延迟元件,一般符号
S00609 (04-09-02)	50μs　100μs	具有两个输出端的磁致伸缩延迟线,输出信号分别延迟了 50μs 和 100μs
S00610 (04-09-03)		同轴延迟线
S00611 (04-09-04)	Hg	压电传感式水银延迟线
S00612 (04-09-05)		仿真延迟线

附表 4　半导体管和电子管(参考 GB/T 4728.5—2005/IEC 60617 database)

序号	图形符号	说　明
S00613 (05-01-01)		具有一处欧姆接触的半导体区 垂直线表示半导体区,水平线表示欧姆接触
S00614 (05-01-02)		
S00615 (05-01-03)		具有多处欧姆接触的半导体区 示出二处欧姆接触的例子
S00616 (05-01-04)		

续表

序号	图形符号	说　明
S00617 (05-01-05)		耗尽型器件导电沟道
S00618 (05-01-06)		增强型器件导电沟道
S00619 (05-01-07)		整流结
S00620 (05-01-09)		影响半导体层的结,例如在结型场效应半导体管,影响 N 层的 P 区
S00621 (05-01-10)		影响 P 层的 N 区
S00622 (05-01-11)		表示绝缘栅场效应半导体管(IGFET)的沟道导电型沟道 P 型衬底上的 N 型沟道,示出耗尽型 IGFET
S00623 (05-01-12)		导电型沟道 N 型衬底上的 P 型沟道,示出增强型 IGFET
S00624 (05-01-13)		绝缘栅
S00625 (05-01-14)		不同导电型区上的发射极 带箭头的斜线表示发射极 N 区上的 P 型发射极
S00626 (05-01-15)		不同导电型区上的发射极,N 区上的几个 P 型发射极
S00627 (05-01-16)		不同导电型区上的发射极,P 区上的 N 型发射极
S00628 (05-01-17)		P 区上的几个 N 型发射极
S00629 (05-01-18)		不同导电型区上的集电极 斜线表示集电极
S00630 (05-01-19)		不同导电型区上的几个集电极

续表

序号	图形符号	说　明
S00631 (05-01-20)		不同导电型区之间的转变，P 转 N，或 N 转 P 短斜线表示沿垂直线从 P 到 N，或从 N 到 P 的转变点。欧姆接触不应画在短斜线上
S00632 (05-01-21)		隔开不同导电型区的本征区（1 区），所给出的 PIN 或 NIP 结构 本征区位于相连斜线之间。对于 1 区的任何欧姆接触应在短斜线之间，而不应画在短斜线上
S00633 (05-01-22)		相同导电型区之间的本征区，所给出的 PIN 或 NIN 结构
S00634 (05-01-23)		一个集电极与一个不同导电型区之间的本征区，所给出的 PIN 或 NIP 结构 长斜线表示集电极
S00635 (05-01-24)		一个集电极与一个相同导电型区之间的本征区，所给出的 PIP 或 NIN 结构 长斜线表示集电极
S00636 (05-02-01)		肖特基效应
S00637 (05-02-02)		隧道效应
S00638 (05-02-03)		单向击穿效应 齐纳效应
S00639 (05-02-04)		双向击穿效应
S00640 (05-02-05)		反向效应（单隧道效应）
S00641 (05-03-01)		半导体二极管，一般符号
S00642 (05-03-02)		发光二极管（LED），一般符号
S00643 (05-03-03)		热敏二极管

续表

序号	图形符号	说　明
S00644 (05-03-04)		变容二极管
S00645 (05-03-05)		隧道二极管 江崎二极管
S00646 (05-03-06)		单向击穿二极管 电压调整二极管 齐纳二极管
S00647 (05-03-07)		双向击穿二极管
S00648 (05-03-08)		反向二极管（单隧道二极管）
S00649 (05-03-09)		双向二极管
S00650 (05-04-01)		反向阻断二极晶体闸流管
S00651 (05-04-02)		逆导二极闸流晶体管
S00652 (05-04-03)		双向二极晶体闸流管 双向开关二极管
S00653 (05-04-05)		反向阻断三极闸流晶体管，N 栅（阳极侧受控）
S00654 (05-04-06)		反向阻断三极闸流晶体管，P 栅（阴极侧受控）
S00655 (05-04-07)		可关断晶体闸流管，未指定栅极

序号	图形符号	说　　明
S00656 (05-04-08)		可关断三极闸流晶体管，N 栅（阳极侧受控）
S00657 (05-04-09)		可关断三极闸流晶体管，P 栅（阴极侧受控）
S00658 (05-04-10)		反向阻断四极晶体闸流管
S00659 (05-04-11)		双向三极晶体闸流管 三端双向晶体闸流管
S00660 (05-04-12)		逆导三极闸流晶体管，未指定栅极
S00661 (05-04-13)		逆导三极闸流晶体管，N 栅（阳极侧受控）
S00662 (05-04-14)		逆导三极闸流晶体管，P 栅（阴极侧受控）
S00663 (05-05-01)		PNP 晶体管
S00664 (05-05-02)		集电极接管壳的 NPN 晶体管
S00665 (05-05-03)		NPN 雪崩晶体管
S00666 (05-05-04)		具有 P 型双基极的单结晶体管
S00667 (05-05-05)		具有 N 型双基极的单结晶体管
S00668 (05-05-06)		具有横向偏压基极的 NPN 晶体管

续表

序号	图形符号	说　　明
S00669 (05-05-07)		与本征区有接触的 PNIP 晶体管
S00670 (05-05-08)		与本征区有接触的 PNIN 晶体管
S00671 (05-05-09)		N 型沟道结型场效应晶体管 栅极与源极的引线应绘在一直线上 漏极 栅极 ← 源极
S00672 (05-05-10)		P 型沟道结型场效应晶体管
S00673 (05-05-11)		绝缘栅场效应晶体管（IGFET） 增强型、单栅、P 型沟道、衬底无引出线 具有多栅的示例见符号 S00679
S00674 (05-05-12)		绝缘栅场效应晶体管（IGFET） 增强型、单栅、N 型沟道、衬底无引出线
S00675 (05-05-13)		绝缘栅场效应晶体管（IGFET） 增强型、单栅、P 型沟道、衬底有引出线
S00676 (05-05-14)		绝缘栅场效应晶体管（IGFET） 增强型、单栅、N 型沟道、衬底与源极内部连接
S00677 (05-05-15)		绝缘栅场效应晶体管（IGFET） 耗尽型、单栅、N 型沟道、衬底无引出线
S00678 (05-05-16)		绝缘栅场效应晶体管（IGFET） 耗尽型、单栅、P 型沟道、衬底无引出线
S00679 (05-05-17)		绝缘栅场效应晶体管（IGFET） 耗尽型、双栅、N 型沟道、衬底有引出线 在多栅的情况下，主栅和源极的引出线应绘在一直线上

续表

序号	图形符号	说　　明
S00680 (05-05-18)		绝缘栅双极晶体管（IGBT)增强型、P型沟道 字母 E、G 和 C 分别表示发射极、栅极和集电极的端子名，若不会引起混淆，字母可以省略
S00681 (05-05-19)		绝缘栅双极晶体管（IGBT) 增强型、N 型沟道
S00682 (05-05-20)		绝缘栅双极晶体管（IGBT) 耗尽型、P 型沟道
S00683 (05-05-21)		绝缘栅双极晶体管（IGBT) 耗尽型、N 型沟道
S00684 (05-06-01)		光敏电阻 光电导管 具有对称导电性的光电导器件
S00685 (05-06-02)		光电二极管 具有非对称导电性的光电器件
S00686 (05-06-03)		光电池
S00687 (05-06-04)		光电晶体管，示出 PNP 型
S00688 (05-06-05)		具有四根引出线的霍尔发生器

续表

序号	图形符号	说　　明
S00689 (05-06-06)		磁敏电阻，示出线性型
S00690 (05-06-07)		磁耦合器件 磁隔离器
S00691 (05-06-08)		光耦合器件 光隔离器 示出发光二极管和光电晶体管
S00692 (05-06-09)		具有光阻挡槽光耦合器件，示出机械阻挡

附表 5　电能的发生与转换(参考 GB/T 4728.6—2008/IEC60617 database)

序号	图形符号	说　　明
S00796 (06-01-01)		一个绕组
S00797 (06-01-02)		三个独立绕组
S00798 (06-01-03)		六个独立绕组
S00799 (06-01-04)		互不连接的三相绕组
S00800 (06-01-05)		m 个互不连接的 m 相绕组
S00801 (06-01-06)		两相四端绕组
S00802 (06-02-01)		两相绕组

序号	图形符号	说　　明
S00803 (06-02-02)		V 形（60℃）连接的三相绕组
S00804 (06-02-03)		中性点引出的四相绕组
S00805 (06-02-04)		T 形连接的三相绕组
S00806 (06-02-05)		三角形连接的三相绕组 本符号用加注数字表示相数，可用于表示多边形连接的多相绕组
S00807 (06-02-06)		开口三角形连接的三相绕组
S00808 (06-02-07)		星形连接的三相绕组 本符号用加注数字表示相数，可用于表示星形连接的多相绕组
S00809 (06-02-08)		中性点引出的星形连接的三相绕组
S00810 (06-02-09)		曲折形或互联星形的三相绕组
S00811 (06-02-10)		双三角形连接的六相绕组
S00813 (06-02-12)		星形连接的六相绕组
S00814 (06-02-13)		中性点引出的叉形连接的六相绕组
S00818 (06-03-04)		电刷（集电环或换向器上的） 仅在必要时标示出电刷。应用示例，符号 S00825
S00819 (06-04-01)		电机的一般符号 符号内的星号用下述字母之一代替： C　旋转变流机 G　发电机 GS　同步发电机 M　电动机 MG　能作为发电机或电动机使用的电机 MS　同步电动机 非旋转的电能发生器

续表

序号	图形符号	说　　明
S00820 (06-04-02)	(M)	直线电动机，一般符号
S00821 (06-04-03)	(M)	步进电动机，一般符号
S00823 (06-05-01)	(M)	直流串励电动机
S00824 (06-05-02)	(M)	直流并励电动机
S00825 (06-05-03)	(G)	短分路复励直流发电机，示出接线端子和电刷
S00828 (06-06-01)	(M 1~)	单相串励电动机
S00831 (06-07-01)	(GS 3~)	三相永磁同步发电机
S00832 (06-07-02)	(MS 1~)	单相同步电动机
S00833 (06-07-03)	(GS)	中性点引出的星形连接的三相同步发电机
S00836 (06-08-01)	(M 3~)	三相鼠笼式感应电动机

续表

序号	图形符号	说　　明
S00837 (06-08-02)	M 1～	单相鼠笼式有分相绕组引出端的感应电动机
S00838 (06-08-03)	M 3～	三相绕线式转子感应电动机
S00839 (06-08-04)	Y	有自动启动器的三相星形连接的感应电动机
S00840 (06-08-05)	M 3～	限于一个方向运动的三相直线感应电动机
S00841 (06-09-01)	形式 1	双绕组变压器,用于电路图、接线图、功能图、安装简图、概略图等
S00842 (06-09-02)	形式 2	双绕组变压器,用于电路图
S00843 (06-09-03)	形式 3	示例: 示出瞬时电压极性的双绕组变压器 流入绕组标记端的瞬时电流产生助磁通
S00844 (06-09-04)	形式 1	三绕组变压器
S00845 (06-09-05)	形式 2	三绕组变压器

续表

序号	图形符号	说　明
S00846 (06-09-06)	形式 1	自耦变压器
S00847 (06-09-07)	形式 2	自耦变压器
S00848 (06-09-08)	形式 1 形式 2 见符号 04-03-01	扼流圈 电抗器
S00850 (06-09-09)	形式 1	电流互感器 脉冲变压器
S00851 (06-09-10)	形式 2	电流互感器
S00856 (06-10-01)	形式 1+	耦合可变的变压器
S00857 (06-10-02)	形式 2	耦合可变的变压器,用于电路图
S00858 (06-10-07)	形式 1	星形—三角形连接的三相变压器
S00859 (06-10-08)	形式 2	星形—三角形连接的三相变压器,用于电路图

序号	图形符号	说　　明
S00860 (06-10-09)	形式 1	具有 4 个抽头的星形—星形连接的三相变压器 每个一次绕组除其端头外还示出 4 个可用的连接点
S00861 (06-10-10)	形式 2	具有 4 个抽头的星形—星形连接的三相变压器 每个一次绕组除其端头外还有 4 个可用的连接点
S00873 (06-11-04)		三相自耦变压器 星形连接
S00878 (06-13-01A)	形式 1	电压互感器
S00879 (06-13-01B)	形式 2	电压互感器
S00880 (06-13-02)	形式 1	具有两个铁心,每个铁心有一个二次绕组的电流互感器 在一次电路每端示出端子符号表明只是一个器件。如果使用了端子代号,则端子符号可以省略
S00881 (06-13-03)	形式 2	形式 2 中铁心符号可以略去
S00882 (06-13-04)	形式 1	在一个铁心上具有两个二次绕组的电流互感器
S00883 (06-13-05)	形式 2	铁心符号必须画出

续表

序号	图形符号	说　明
S00884 (06-13-06)	形式1	一个二次绕组带一个抽头的电流互感器
S00885 (06-13-07)	形式2	一个二次绕组带一个抽头的电流互感器
S00886 (06-13-08)	形式1	一次绕组为5匝导体贯穿的电流互感器 这种形式的电流互感器不带内装式一次绕组
S00887 (06-13-09)	形式2	一次绕组为5匝导体贯穿的电流互感器 这种形式的电流互感器不带内装式一次绕组
S00888 (06-13-10) S00889 (06-13-11)	形式1 形式2	具有三条穿线一次导体的脉冲变压器或电流互感器
S00890 (06-13-12)	形式1	在同一个铁心具有两个二次绕组和九条穿线一次导体的脉冲变压器或电流互感器
S00891 (06-13-13)	形式2	在同一个铁心具有两个二次绕组和九条穿线一次导体的脉冲变压器或电流互感器
S00893 (06-14-02)		直流/直流变换器
S00894 (06-14-03)		整流器

续表

序号	图形符号	说　　明
S00895 (06-14-04)		桥式全波整流器
S00896 (06-14-05)		逆变器
S00897 (06-14-06)		整流器/逆变器
S00898 (06-15-01)		原电流 蓄电池 原电池或蓄电池组 长线代表阳极，短线代表阴极
S00899 (06-16-01)		电能发生器，一般符号 旋转的电能发生器用符号 S00819
S00900 (06-17-01)		热源，一般符号
S00902 (06-17-03)		燃烧热源
S00903 (06-18-01)		用燃烧热源的热电发生器

附表6　开关、控制和保护器件(参考 GB/T 4728.7—2008/IEC60617 database)

序号	图形符号	说　　明
S00218 (07-01-01)		接触器功能
S00219 (07-01-02)		断路器功能
S00220 (07-01-03)		隔离开关功能
S00221 (07-01-04)		负荷开关功能

续表

序号	图形符号	说　明
S00222 (07-01-05)		由内装的测量继电器或脱扣器启动的自动释放功能
S00223 (07-01-06)		位置开关功能 　1. 当不需要表示接触的操作方法时，这个限定符号可用在简单的触点符号上，以表示位置开关。如情况复杂，需要表示出操作方法，则应使用符号 S00182～S00185 　2. 当在两个方向都用机械操作触点时，这个符号应加在触点符号的两边
S00226 (07-01-09)		开关的正向操作 　1. 此符号应该用于指明一个机动装置的正向操作方向，在所示的方向上是安全的或符合要求的。它表明操作确保所有的触点都在启动装置的相应位置 　2. 如果触点表示连接，这个符号将适用于所有连接触点，除非另有说明（见符号 S00262）
S00227 (07-02-01)		动合（常开）触点 本符号也可用作开关的一般符号
S00229 (07-02-03)		动断（常闭）触点
S00230 (07-02-04)		先断后合的转换触点
S00231 (07-02-05)		中间断开的双向转换触点
S00232 (07-02-06) S00233 (07-02-07)	形式 1 形式 2	先合后断的转换触点
S00234 (07-02-08)		双动合触点

序号	图形符号	说　　明
S00235 (07-02-09)		双动断触点
S00236 (07-03-01)		当操作器件被吸合时，暂时闭合的过渡动合触点
S00237 (07-03-02)		当操作器件被释放时，暂时闭合的过渡动合触点
S00238 (07-03-03)		当操作器件被吸合或释放时，暂时闭合的过渡动合触点
S00239 (07-04-01)		（多触点组中）比其他触点提前吸合的动合触点
S00240 (07-04-02)		（多触点组中）比其他触点滞后吸合的动合触点
S00241 (07-04-03)		（多触点组中）比其他触点滞后释放的动断触点
S00242 (07-04-04)		（多触点组中）比其他触点提前释放的动断触点
S00243 (07-05-01)		当操作器件被吸合时延时闭合的动合触点
S00244 (07-05-02)		当操作器件被释放时延时断开的动合触点

序号	图形符号	说　　明
S00245 (07-05-03)		当操作器件被吸合时延时断开的动断触点
S00246 (07-05-04)		当操作器件被释放时延时闭合的动断触点
S00247 (07-05-05)		当操作器件吸合时延时闭合，释放时延时断开的动合触点
S00248 (07-05-06)		示例： 　由一个不延时的动合触点，一个吸合时延时闭合的动合触点和一个释放时延时闭合的动断触点组成的触点组
S00253 (07-07-01)		手动操作开关，一般符号
S00254 (07-07-02)		具有动合触点且自动复位的按钮开关
S00255 (07-07-03)		具有动合触点且自动复位的拉拔开关
S00256 (07-07-04)		具有动合触点但无自动复位的旋转开关
S00257 (07-07-05)		具有正向操作的动合触点的按钮开关（例如，报警开关）
S00258 (07-07-06)		具有正向操作的动断触点且有保持功能的紧急停车开关（操作"蘑菇头"）

序号	图形符号	说　明
S00259 (07-08-01)		位置开关，动合触点
S00260 (07-08-02)	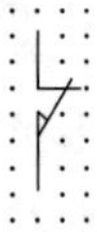	位置开关，动断触点
S00261 (07-08-03)	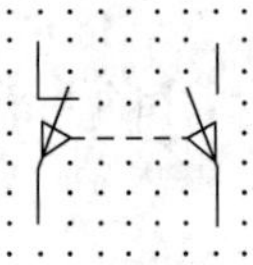	位置开关，对两个独立电路作双向机械操作
S00262 (07-08-04)		动断触点能正向断开操作的位置开关
S00263 (07-09-01)		热敏开关，动合触点 注：θ可用动作温度代替
S00264 (07-09-02)	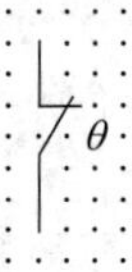	热敏开关，动断触点 符号 S00263 的注适用本符号
S00265 (07-09-03)	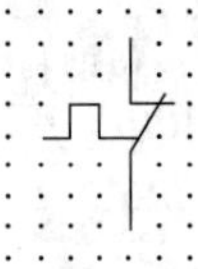	热敏自动开关（例如双金属片）的动断触点 注意区别此触点和下图所示热继电器的触点： 
S00266 (07-09-04)	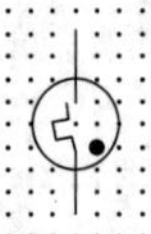	具有热元件的气体放电管 荧光灯启动器
S00284 (07-13-02)		接触器 接触器的主动合触点 （在非动作位置触点断开）
S00285 (07-13-03)		具有由内装的测量继电器或脱扣器触发的自动释放功能的接触器

续表

序号	图形符号	说　　明
S00286 (07-13-04)	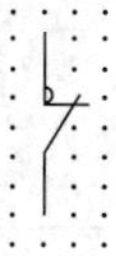	接触器 接触器的主动断触点 (在非动作位置触点闭合)
S00287 (07-13-05)	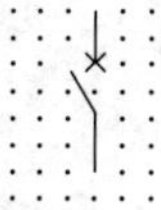	断路器
S00288 (07-13-06)		隔离开关,隔离器
S00289 (07-13-07)	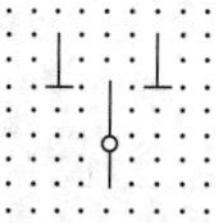	具有中间断开位置的双向隔离开关
S00290 (07-13-08)	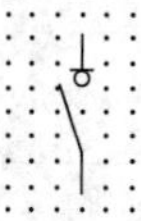	负荷开关(负荷隔离开关)
S00291 (07-13-09)	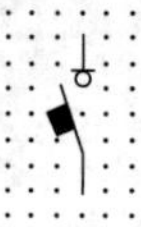	具有由内装的测量继电器或脱扣器触发的自动释放功能的负荷开关
S00292 (07-13-10)	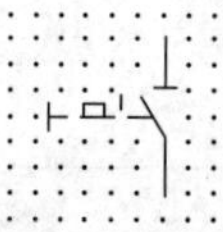	手工操作带有闭锁器件的隔离开关
S00293 (07-13-11)	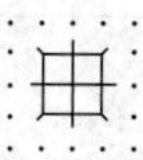	自由脱扣机构 虚线表示连接系统的各个部分将用如下方式定 位: 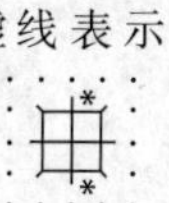 从断开或闭合的操作机构到相关联的主触点和辅助触点 ＊操作机构有一个主要的断开功能,两种可供选择的位置示于上图
S00297 (07-14-01)	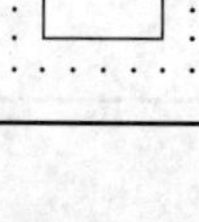	电动机启动器,一般符号 特殊类型的启动器可以在一般符号内加上限定符号

续表

序号	图形符号	说　明
S00298 (07-14-02)		步进启动器 启动步数可以示出
S00299 (07-14-03)		调节-启动器
S00301 (07-14-05)		可逆式电动机直接在线接触器式启动器
S00302 (07-14-06)		星—三角启动器
S00303 (07-14-07)		自耦变压器式启动器
S00304 (07-14-08)		带闸流晶体管整流器的调节-启动器
S00305 (07-15-01)		操作器件，一般符号 继电器线圈，一般符号
S00307 (07-15-03)		驱动器件 具有两个独立绕组的操作器件的组合表示法
S00311 (07-15-07)		缓慢释放继电器的线圈
S00312 (07-15-08)		缓慢吸合继电器的线圈

续表

序号	图形符号	说　明
S00313 (07-15-09)		缓吸和缓放继电器的线圈
S00314 (07-15-10)		快速继电器(快吸和快放)的线圈
S00315 (07-15-11)		对交流不敏感继电器的线圈
S00316 (07-15-12)		交流继电器的线圈
S00317 (07-15-13)		机械谐振继电器的线圈
S00318 (07-15-14)		机械保持继电器的线圈
S00319 (07-15-15) S00320 (07-15-16) S00321 (07-15-17)		极化继电器的线圈 极性圆点(·)用以表示通过极化继电器绕组的电流方向和按如下方式连接的动触点的运动之间的关系 当标有极点的绕组端子相对于另一绕组端子是正极时,动触点朝着标有圆点的位置运动 示例: 在绕组中只有一个方向的电流起作用,并能自动复位的极化继电器 在绕组中任一方向的电流均可起作用的具有中间位置并能自动复位的极化继电器

续表

序号	图形符号	说　明
S00323 (07-15-19) S00324 (07-15-20)	形式 1 形式 2	剩磁继电器的线圈
S00325 (07-15-21)		热继电器的驱动器件
S00326 (07-15-22)		电子继电器的驱动器件
S00327 (07-16-01)	$*$	测量继电器 与测量继电器有关的器件 1. 星号 $*$ 必须由表示这个器件参数的一个或多个字母或限定符号按下述顺序代替： ——特性量和其变化方式 ——能量流动方向 ——整定范围 ——重整定比（复位比） ——延时作用 ——延时值 2. 特性量的文字符号应该和已有标准相一致 3. 类似的测量元件数量的数字可包括在此符号内。例如 S00327 所示 4. 此符号可作为整个器件的功能符号或仅表示器件的驱动元件
S00328 (07-16-02)	U	对机壳故障电压（故障时的机壳电位）
S00329 (07-16-03)	U_{rsd}	剩余电压
S00330 (07-16-04)	$I \leftarrow$	反向电流
S00331 (07-16-05)	I_d	差动电流

续表

序号	图形符号	说　　明
S00332 (07-16-06)	I_d/I	差动电流百分比
S00333 (07-16-07)	$I \; \underline{\underline{\perp}}$	对地故障电流
S00334 (07-16-08)	I_N	中性线电流
S00335 (07-16-09)	I_{N-N}	两个多相系统中性线之间的电流
S00336 (07-16-10)	P_a	相角为 α 时的功率
S00337 (07-16-11)	├──┤	反延时特性
S00338 (07-17-01)	$U=0$	零电压继电器
S00339 (07-17-02)	$I \leftarrow$	逆电流继电器
S00340 (07-17-03)	$P<$	欠功率继电器
S00341 (07-17-04)	$I>$	延时过流继电器
S00342 (07-17-05)	$2(I>)$ $5\cdots10A$	具有两个测量元件、整定范围 5～10A 的过流继电器
S00343 (07-17-06)	$Q>$ $\leftarrow$ $1Mvar$ $5\cdots10s$	无功过功率继电器 ——能量流向母线 ——工作数值 1Mvar ——延时调节范围 5～10s
S00344 (07-17-07)	$U<$ $50\cdots80V$ 130%	欠压继电器 整定范围 50～80V 重整定比 130%
S00345 (07-17-08)	$I>5A$ $<3A$	有最大和最小整定值的电流继电器 示出限值 3A 和 5A

续表

序号	图形符号	说　　明
S00346 (07-17-09)	$Z<$	欠阻抗继电器
S00347 (07-17-10)	$N<$	匝间短路检测继电器
S00348 (07-17-11)		断线检测继电器
S00349 (07-17-12)	$m<3$	在三相系统中的断相故障检测继电器
S00350 (07-17-13)	$n\approx0$ $I>$	堵转电流检测继电器
S00352 (07-18-01)		瓦斯保护器件(气体继电器)
S00353 (07-18-02)		自动重闭合器件 自动重合闸继电器
S00354 (07-19-01)		接近传感器
S00355 (07-19-02) S00356 (07-19-03)		接近传感器器件方框符号 操作方法可以表示出来 示例: 固体材料接近时操作的电容性的接近检测器
S00357 (07-19-04)		接触传感器
S00358 (07-20-01)		接触敏感开关动合触点

续表

序号	图形符号	说　　明
S00359 (07-20-02)		接近开关动合触点
S00360 (07-20-03)		磁铁接近动作的接近开关,动合触点
S00361 (07-20-04)	Fe	铁接近时动作的接近开关,动断触点
S00362 (07-21-01)		熔断器,一般符号
S00363 (07-21-02)		熔断器烧断后仍带电的一端用粗线表示
S00364 (07-21-03)		带机械连杆的熔断器(撞击式熔断器)
S00365 (07-21-04)		具有报警触点的三端熔断器
S00366 (07-21-05)		具有独立报警电路的熔断器
S00367 (07-21-06)		任何一个撞击式熔断器熔断而自动释放的三极开关
S00368 (07-21-07)		熔断器式开关

续表

序号	图形符号	说　明
S00369 (07-21-08)		熔断器式隔离开关
S00370 (07-21-09)		熔断器式负荷开关
S00371 (07-22-01)		火花间隙
S00372 (07-22-02)		双火花间隙
S00373 (07-22-03)		避雷器
S00374 (07-22-04)		保护用充气放电管
S00375 (07-22-05)		保护用对称充气放电管
S00376 (07-25-01)		静态开关，一般符号
S00377 (07-25-02)		静态(半导体)接触器
S00378 (07-25-03)		静态开关，只能通过单向电流

续表

序号	图形符号	说　明
S00379 (07-26-01)		静态继电器一般符号，示出了半导体动合触点 可加入用以表示驱动元件型号的限定符号
S00380 (07-26-02)		示例： 具有用作驱动元件的光敏二极管的静态继电器，并示出半导体动合触点
S00381 (07-26-03)		示例： 具有两个半导体触点的三极热式过负荷继电器，其中一个是半导体动合触点，另一个是半导体动断触点；驱动器需要独立的辅助电源
S00382 (07-26-04)		示例： 具有半导体动合触点的半导体操作器件

附表 7　建筑安装平面布置图(参考 GB/T 4728.11—2008/IEC 60617 7database)

序号	图形符号		说　明
	规划(设计)的	运行的或未加规定的	
S00385 (11-01-01) S00386 (11-01-02)			发电站
S00389 (11-01-05) S00390 (11-01-06)			变电所、配电所
S00391 (11-02-01) S00392 (11-02-02)			水力发电站
S00393 (11-02-03) S00394 (11-02-04)			火力发电站 ——煤 ——褐煤 ——油 ——气

续表

序号	图形符号		说　明
	规划（设计）的	运行的或未加规定的	
S00395 （11-02-05） S00396 （11-02-06）			核电站
S00397 （11-02-07） S00398 （11-02-08）			地热发电站
S00399 （11-02-09） S00400 （11-02-10）			太阳能发电站
S00401 （11-02-11） S00402 （11-02-12）			风力发电站
S00403 （11-02-13） S00404 （11-02-14）			等离子体发电站 MHD（磁流体发电）
S00405 （11-02-15） S00406 （11-02-16）			换流站 （示出由直流变交流）
S00408 （11-03-02）			水下（海底）线路
S00409 （11-03-03）			架空线路
S00410 （11-03-04） S00411 （11-03-05）			管道线路 附加信息可标注在管道线路的上方，管孔的数量 示例：6孔管道的线路

续表

序号	图形符号	说　　明
S00412 (11-03-06)		过孔线路
S00413 (11-03-07)		带接头的地下线路
S00414 (11-03-08)		带充气或注油堵头的线路
S00415 (11-03-09)		带充气或注油截止阀的线路
S00416 (11-03-10)		带旁路的充气或注油堵头的线路
S00419 (11-04-01) S00420 (11-04-02)		地上防风雨罩的一般符号 罩内的装置可用限定符号或代号表示 示例: 放大点在防风雨罩内
S00421 (11-04-03)		交接点 输入和输出可根据需要画出
S00423 (11-04-04)		线路集中器 自动线路连接器 示出信号从左至右传输。左边较多,线路集中;右边较少
S00426 (11-04-08) S00427 (11-04-09)		保护阳极 阳极材料的类型可用其化学字母来加注 示例:镁保护阳极
S00428 (11-05-01)		有本地天线引入的前端,示出一馈线支路,馈线支路可从圆的任何适宜的点上画出
S00429 (11-05-02)		无本地天线引入的前端,示出一个输入和一个输出通路
S00430 (11-06-01)		桥式放大器,示出具有三个支路或激励输出 1. 圆点表示较高电平的输出 2. 支路或激励输出可从符号斜边任何方便角度引出

续表

序号	图形符号	说　　明
S00431 (11-06-02)		主干桥式放大器,示出三个馈线支路
S00432 (11-06-03)		（支路或激励馈线）末端放大器示出一个激励馈线输出
S00433 (11-06-04)		具有反馈通道的放大器
S00435 (11-07-02)		三路分配器,符号示出具有一路较高电平输出同符号 S00430 的规定
S00438 (11-08-02)		系统出线端
S00439 (11-08-03)		环路系统出线端 串联出线端
S00440 (11-09-01)		均衡器
S00441 (11-09-02)		可变均衡器
S00442 (11-09-03)		衰减器（平面图符号） 也可用符号 S01244
S00443 (11-10-01)		线路电源器件,示出交流型
S00444 (11-10-02)		供电阻塞,在配电馈线中表示
S00445 (11-10-03)		线路电源接入点
S00446 (11-11-01)		中性线
S00447 (11-11-02)		保护线

续表

序号	图形符号	说　明
S00448 (11-11-03)		保护线和中性线共用线
S00449 (11-11-04)		示例：具有中性线和保护线的三相线路
S00450 (11-12-01)		向上配线；向上布线 若箭头指向图纸的上方，向上配线
S00451 (11-12-02)		向下配线；向下布线 若箭头指向图纸的下方，向下配线
S00452 (11-12-03)		垂直通过配线 垂直通过布线
S00453 (11-12-04)		盒，一般符号
S00454 (11-12-05)		连接盒 接线盒
S00455 (11-12-06)		用户端 供电输入设备 示出带配线
S00456 (11-12-07)		配电中心 示出五路馈线
S00457 (11-13-01)		（电源）插座，一般符号
S00458 (11-13-02)	形式1	（电源）多个插座 示出三个
S00459 (11-13-03)	形式2	
S00460 (11-13-04)		带保护极的（电源）插座
S00461 (11-13-05)		带滑动防护板的（电源）插座

续表

序号	图形符号	说　明
S00462 (11-13-06)		带单极开关的（电源）插座
S00463 (11-13-07)		带联锁开关的（电源）插座
S00464 (11-13-08)		具有隔离变压器的插座 示例：电动剃刀用插座
S00465 (11-13-09)		电信插座的一般符号 根据有关的 IEC 或 ISO 标准，可用以下的文字或符号区别不同插座： TP——电话 FX——传真 M——传声器 ◁——扬声器 FM——调频 TV——电视 TX——电传
S00466 (11-14-01)		开关，一般符号
S00467 (11-14-02)		带指示灯的开关
S00468 (11-14-03)		单极限时开关
S00469 (11-14-04)		双极开关
S00470 (11-14-05)		多拉单极开关（如用于不同照度）
S00471 (11-14-06)		双控单极开关

续表

序号	图形符号	说　　明
S00472 (11-14-07)		中间开关 等效电路图
S00473 (11-14-08)		调光器
S00474 (11-14-09)		单极拉线开关
S00475 (11-14-10)		按钮
S00476 (11-14-11)		带指示灯的按钮
S00477 (11-14-12)		防止无意操作的按钮（例如借助打碎玻璃罩）
S00478 (11-14-13)		限时设备 定时器
S00479 (11-14-14)		定时开关
S00480 (11-14-15)		钥匙开关 看守系统装置
S00481 (11-15-01)		照明引出线位置,示出配线
S00482 (11-15-02)		墙上照明引出线,示出来自左边的配线
S00483 (11-15-03)		灯，一般符号
S00484 (11-15-04) S00485 (11-15-05) S00486 (11-15-06)		荧光灯，一般符号 发光体，一般符号 示例：三管荧光灯 五管荧光灯

续表

序号	图形符号	说 明
S00487 (11-15-07)		投光灯,一般符号
S00488 (11-15-08)		聚光灯
S00489 (11-15-09)		泛光灯
S00490 (11-15-11)		专用电路上的应急照明灯
S00492 (11-15-11)		自带电源的应急照明灯
S00493 (11-16-01)		热水器,示出引线
S00495 (11-16-03)		时钟 时间记录器
S00496 (11-16-04)		电锁
S00497 (11-16-05)		内部对讲设备
S001421		风扇;风机

参 考 文 献

［1］ 林向淮,安志强.电工识图入门［M］.北京：机械工业出版社,2004.

［2］ 杨清德.轻轻松松学电工　识图篇［M］.北京：人民邮电出版社,2010.

［3］ 王俊峰.精讲电气工程制图与识图［M］.北京：机械工业出版社,2014.

［4］ 张宪,张大鹏.电气制图与识图［M］.北京：化学工业出版社,2013.

［5］ 张鸿峰,乔长君.怎样看电气图［M］.北京：中国电力出版社,2014.

［6］ 耿萍.电工应用识图［M］.北京：高等教育出版社,2011.

［7］ 沈兵.电气制图规则应用指南［M］.北京：中国标准出版社,2009.

［8］ 刘富,于瑾.PLC技术及应用［M］.北京：中国铁道出版社,2014.